将本书献给我的父母

浙江省哲学社会科学重点研究基地
——中国美术学院艺术哲学与文化创新研究院研究项目

走向数字生态
或社会危机中的艺术与主体

Steps to the Digital Ecology:
or, Art and Subject in Social Crisis

张钟萄　著

浙江人民美术出版社

图书在版编目（CIP）数据

走向数字生态：或社会危机中的艺术与主体 / 张钟萄著. -- 杭州：浙江人民美术出版社，2024. 12. （未来艺术丛书 / 孙周兴主编）. -- ISBN 978-7-5751-0234-6

Ⅰ. J06-39

中国国家版本馆CIP数据核字第2024P1F970号

策　　划	管慧勇
责任编辑	华清清
责任校对	段伟文
封面设计	何俊浩
责任印制	陈柏荣

未来艺术丛书/孙周兴　主编

走向数字生态：或社会危机中的艺术与主体

张钟萄　著

出版发行	浙江人民美术出版社
地　　址	杭州市环城北路177号
经　　销	全国各地新华书店
制　　版	大千时代（杭州）文化传媒有限公司
印　　刷	浙江新华数码印务有限公司
开　　本	710 mm × 1000 mm　1/16
印　　张	15.75
字　　数	170千字
版　　次	2024年12月第1版
印　　次	2024年12月第1次印刷
书　　号	ISBN 978-7-5751-0234-6
定　　价	98.00元

如有印装质量问题，影响阅读，请与出版社营销部联系调换。

总　序

在我们时代的所有"终结"言说中,"艺术的终结"大概是被争论得最多也最有意味的一种。不过我以为,它也可能是最假惺惺的一种说法。老黑格尔就已经开始念叨"艺术的终结"了。黑格尔的逻辑令人讨厌,他是把艺术当作"绝对精神"之运动的低级阶段,说艺术是离"理念"最遥远的——艺术不完蛋,精神如何进步?然而黑格尔恐怕怎么也没有想到,一个多世纪以后居然有了"观念艺术"!但"观念-理念"为何就不能成为艺术或者艺术的要素呢?

如若限于欧洲来说,20世纪上半叶经历了一次回光返照式的哲学大繁荣,可视为对尼采的"上帝死了"宣言的积极回应。对欧洲知识理想的重新奠基以及对人类此在的深度关怀成为这个时期哲学的基本特征。不过,第二次世界大战的暴戾之气阻断了这场最后的哲学盛宴。战后哲学虽然仍旧不失热闹,但哲学论题的局部化和哲学论述风格的激烈变异,已经足以让我们相信和确认海德格尔关于哲学的宣判:"哲学的终结。"海德格尔不无机智地说,"哲学的终结"不是"完蛋"而是"完成",是把它所有的可能性都发挥出来了;他同时还不无狡猾地说,"哲学"虽然终结了,但"思想"兴起了。

我们固然可以一起期待后种族中心主义时代里世界多元思想的生成,但另一股文化力量的重生似乎更值得我们关注,那就是被命名为"当代艺术"的文化形式。尽管人们对于"当代艺术"有种种非议,尽管"当代艺术"由于经常失于野蛮无度的动作而让人起疑,有时不免让人讨厌,甚至连"当代艺术"这个名称也多半莫名其妙(哪个时代没有"当代"艺术呀?)——但无论如何,我们今天似乎已经不得不认为:文化的钟摆摆向艺术了。当代德国艺术大师格尔哈特·里希特倒是毫不隐讳,他直言道:"哲学家和教士的时代结束了,咱们艺术家的时代到了。"其实我们也看到,一个多世纪前的音乐大师瓦格纳早就有此说法了。

20世纪上半叶开展的"实存哲学/存在主义"本来就是被称为"本质主义"或"柏拉图主义"的西方主流哲学文化的"异类",已经在观念层面上为战后艺术文化的勃兴做了铺垫。因为"实存哲学"对此在可能性之维的开拓和个体自由行动的强调,本身就已经具有创造性或者艺术性的指向。"实存哲学"说到底是一种艺术哲学。"实存哲学"指示着艺术的未来性。也正是在此意义上,我们宁愿说"未来艺术",而不说"当代艺术"。

所谓"未来艺术"当然也意味着"未来的艺术"。对于"未来的艺术"的形态,我们还不可能做出明确的预判,更不能做出固化的定义,而只可能有基于人类文化大局的预感和猜度。我们讲的"未来艺术"首先是指艺术活动本身具有未来性,是向可能性开放的实存行动。我们相信,作为实存行动的"未来艺术"应该是具有高度个体性的。若论政治动机,高度个体性的未来艺术是对全球民主体系造成的人类普遍同质化和平庸化趋势的反拨,所以它是戴着普遍观念镣铐的自由舞蹈。

战后逐渐焕发生机的世界艺术已经显示了一种介入社会生活的感人力量,从而在一定意义上回应了关于"艺术的终结"或者"当代艺术危机"的命题。德国艺术家安瑟姆·基弗的说法最好听：艺术总是在遭受危险，但艺术不曾没落——艺术几未没落。所以，我们计划的"未来艺术丛书"将从基弗的一本访谈录开始，是所谓《艺术在没落中升起》。

孙周兴

2014年6月15日记于沪上同济

目录

导　论　001
　　0.1　一个历史切片　　001
　　0.2　第二个历史切片　　006
　　0.3　艺术、技术与环境性　　013
　　0.4　研究的主题　　028
　　0.5　本书的结构　　032

第一章　艺术与主体的批判性叙事　036
　　1.1　雕塑变迁中的主体与批判　　036
　　1.2　从雕塑到公共艺术中的主体与批判　　066
　　1.3　艺术中的主体与批判性叙事　　079

第二章　主体与技术的审美化叙事　085
　　2.1　数字基础设施的兴起　　087
　　2.2　先锋艺术、技术话语和改变社会　　093
　　2.3　从"反主流文化"到数字时代的个人叙事　　100
　　2.4　自我-批判性叙事与技术审美化的低层价值　　106

第三章　生态转向：走向环境的艺术与主体　114

3.1　跨媒介艺术及其美学叙事　115

3.2　从跨媒介艺术到艺术走向环境：
　　　生态作为一种整体存在　122

3.3　生态转向：贝特森之后　134

3.4　贝特森生态学的基本元素：控制论 - 心灵 - 美学　142

第四章　扩展的主体：数字生态诸要素　156

4.1　能动性：技术环境中的分析进路　157

4.2　新的主体形式：
　　　从"公地悲剧"到集体行动的历史变迁　174

4.3　数字共域：从现代主体到数字生态中的主体　180

第五章　现代主体的不满：社会危机中的艺术与技术　193

5.1　意义的环境化：
　　　艺术与技术在新自由主义语境下的交织　195

5.2　危机中的主体表达：
　　　作为批判性叙事的技术研究与艺术实践　214

5.3　社会危机视角下的批判或不满　222

余　论　232

后　记　242

导　论

0.1　一个历史切片

　　2019 年 7 月，在成都市中心庆云北街一家名为"隆昌猪脚饭"的街边餐馆中，出现了一件综合性质的艺术作品（图 1）。作品展示在不足 30 平方米的饭店的墙壁和桌面上，由几个部分构成，食客进入饭店，抬头就能看见挂在正墙上的一幅喷绘绘画：画作以涂鸦形式，重绘了 19 世纪法国画家欧仁·德拉克罗瓦（Eugène Delacroix）的《自

图 1　马锟、刘英俊、隆昌猪脚饭店老板，《民以食为天》，综合媒介，尺寸可变，2019 年

图 2　隆昌猪脚饭店街景

由引导人民》。但与原作不同的是，象征法兰西的女性的手上举起的是一只猪脚，而非原作中象征"自由""平等"和"博爱"的三色旗。三色旗的元素与靠墙的三张餐桌相对应，食客坐定后，可以在三张餐桌上分别读到以书法写就的三句话：蓝色餐桌上的是"当你想发火，烦躁时，能够咽下去，就自由了"；白色餐桌上写着"不会有平等的，开开心心过好每一天就行了"；红色餐桌上是"爱就是他负责挣钱、干家务，我就负责美美的"。

这件作品的名字叫《民以食为天》，由成都艺术家马锟、涂鸦艺术家刘英俊和隆昌猪脚饭店（图 2）的"九零后"夫妻老板合作完成。马锟是一名"八零后"水墨艺术家，常年从事抽象水墨艺术。创作这件作品的前两年，他逐渐转向，成为一名创作社区艺术的艺术家。这件作品是为"庆云北街街道艺术季"创作的，艺术季由成都的艺术自组织独立发起。在创作的过程中，马锟跟猪脚饭店的老板夫妇进行了历时两个月的交流。通过相互的沟通，艺术家更进一步地了解了猪脚饭店的经营状况和两夫妻的日常生活，这对夫妻也更能理解艺术的意义。几年以后再回看这一作品，它的更多内涵逐渐浮现。

首先，这件作品的创作不是由单个艺术家独自完成，而是几个拥有不同身份的人合力完成的。这表明在这件作品中，艺术的创作、制作过程和参与的人群结构均发生了变化。过去跟艺术毫无关系的人，在这个"契机"中，意外地成为不可或缺的一部分。相应的，我们看到了决定艺术之意义的要素发生了变化。曾经由个体艺术家主导，或许还需要经由批评家阐释的艺术作品的意义，如今涉及更多的要素。而在艺术的创作过程中，传统艺术家的身份被弱化，仅成为其中的一个要素。艺术家的想法或观念，也不再是由艺术家或拍拍脑袋，或努力琢磨，再任灵感之神抚摸便能出现的，而是需要交流、走访、协作。

其次，这件作品的创作使用了20世纪初发端于欧洲的先锋艺术的"挪用"和"拼贴"等手法。然而它的展示却突破了美术馆所代表的艺术系统，也没有以"逆反"的姿态去建构权威和再度创新，而只是日常化的表达。诚如作品对应的"艺术季"主题——"为了公共利益的艺术"，可以说，其展示的意义脱离了主导性的艺术系统。再者，在这件作品中，一名从事水墨艺术的艺术家走向了新的创作领域，同时，与所谓的"当代艺术"相去甚远的老板夫妇，也卷入了一场公共艺术和文化的事件当中。这也在不同层面表明，规定艺术之意义的范畴发生了改变。最后,这件作品集中表现了艺术在我们这个时代的一种结构性特征:艺术可以是非艺术的,非艺术的也可以是艺术。简而言之,艺术与非艺术之间的边界是流动的,它们相互构成,甚至会彼此支撑和制约,而它的意义则是开放的。

《民以食为天》并未成为一幕经典的艺术史场景,它很快便消失在了信息加速涌现的数字社会中,参与其中的创作者也早已回归各自的生活。然而,在这件作品创作的前后几年间,中国社会中出现了诸多具有上述特征的艺术案例。它们有的由艺术家自发组织;有的由具有商业性质的实体,如地产商和文化公司所推动;有的由专业的艺术院校主办;还有的因文化机构和政府部门的主导而成形。无论如何,在当代中国的艺术场景中,出现了一种更多的人、更多的要素和更多的价值诉求涌入其中的趋势。这在空间维度上表现为艺术从城市的中心地段走向乡村、荒野,甚至戈壁;从创意园区、地标性的美术馆进入社区街道;从现实空间步入异质空间去创作、展示和消费的趋势。这一趋势不断地拓宽参与其中的人群的范围,同时也更新了艺术所能扮演的角色:艺术消费、社会美育、乡村振兴、社区的营造和治理、替代性空间的共建和实验性探索等。

不过,这里的重点并非讨论以诸如"艺术乡建""公共艺术""社区艺术""城市更新"或"士绅化"(gentrification)为名的艺术或文化创意行为,而是关注与《民以食为天》相关的艺术场景,关注在更广泛的艺术语境中,已经延续了至少半个多世纪的艺术进程。对于这一进程的描述,除了前述术语,还包括"参与式艺术""社会介入式社会""新型公共艺术""社会实践""体制批判"等称谓。尽管后面这些术语大多为舶来品,但它们在中国近些年的艺术表达中已成为无法避开的关键概念,亦在国际艺术系统和话语谱系中形成了蔚为壮观的文献资料,在国际上的主导性艺术场景中扮演着愈来愈重要的角色。

无论怎样称呼这类进程,我们都可以根据其发展历史以及近些年的愈演愈烈之势而粗略地勾勒其基本特征:不断变化的话语框架、丰富多样的表现形式和五花八门的艺术形态,最终以更直接的方式、更庞大的规模以及更多变的形态来呼吁关注社会议题,影响乃至改变社会。这导致了一个显而易见的结果:艺术通过对社会议题的关注和对道德伦理的关切,从具有主导性的视觉创作,从与美学相关的审美愉悦感和趣味判断力,变为了具有道德批判和政治性质的社会实践。有论者称之为"开放的作品""反美学";也有人认为,这是"扩展领域的雕塑"的"后媒介"的逻辑延伸。无论如何可以确定的是,艺术在这一进程中发生了明显的转变——它突破了传统的造型、底座和画框等基本构成要素,艺术家也从一个位居中心的拥有天才式灵感和创造力的个体,转变为需要合作和协商的创作集体中的一个成员。

然而,这种转变不仅是艺术作品的创作过程、创作要素和作品表达、呈现方式的改变,还涉及更深层次的理念转变。毕竟,在过去很长的一段时间内,艺术创作都需要存在于一定的边界范围内,并不像人类文明的早期阶段,直接与宗教祭祀[1]、政治认证和狩猎耕种等社会生产活动相关[2]。这种边界或是通过画框、底座而确立的自律的"艺术界";

---

1 张光直:《美术、神话与祭祀》,生活·读书·新知三联书店,2023。
2 李松、安吉拉·法尔科·霍沃、杨泓等:《中国古代雕塑》,外文出版社、耶鲁大学出版社,2006;简·艾伦·哈里森:《古代艺术与仪式》,刘宗迪译,生活·读书·新知三联书店,2023。

或是必须经由艺术家这一阐释主体，通过"创造"和"观念"而赋予作品意义，如此，艺术的意义才能成立。如今，艺术作品从一开始就需要跟更多的要素和成员共同存在，需要与更广泛的环境相关，甚至与之共生、演进。

如果我们将"个体艺术家"及其赋予艺术的意义视为先前艺术的核心，那么这里的转变则意味着艺术的核心或意义从阐释学的主体和意义，转向了后阐释学的主体和环境性的意义。也可以说，是"中心"的扩散拉平了"中心"的地位和价值，它蔓延开来，逐渐渗透周围的环境。正是这一转变，隐喻着更大语境下的"意义"的变化。

作为一个历史切片，《民以食为天》暗示着中国社会正在经历一场"意义"构成结构的变化。但这一变化并非孤立的个案，而是与发生在全球范围内的类似状况具有同源性和相似性——就像这件作品中的创作手法并非中国艺术家的原创一样。所以，在艺术的这一历史切片中，隐藏了某种宏观的历史进程和一系列微观的现象转变。如果说通过这件作品可以看到意义以及与之相关的主体性的转变，那么后者则蕴含了过去一个世纪以来遍及全球的社会与历史的结构性转型。艺术是此转型中的一个切片，技术则是另一个。

0.2　第二个历史切片

2019 年，当"庆云北街街道艺术季"还在策划阶段时，当时中国市值最高的互联网公司腾讯的创始人马化腾在 5 月 4 日的凌晨在朋友圈发布了一条消息，他首次对外透露："科技向善"将成为腾讯公司新的愿景与使命。对于这一表态，腾讯公司下属的"腾讯研究院"在官方记录中写道：

> 一家公司的使命与愿景升级，关乎组织自身的战略与价值观，通常不会引起外界太多兴趣。但是马化腾的这条信息却一石激起千层浪，引发了各方广泛而持续的讨论，让一家公司的使命与愿景变更，成为超出互联网行业与商业界的一个公共话题。[1]

腾讯公司将"科技向善"确定为公司"信仰"，并指出："之所以在此时提出这一价值转型，是因为数字科技已经面临诸多的困境与状况。"腾讯对此解释道："2018年是警钟敲响的一年。硅谷社交巨头发生的用户数据被泄露与滥用的事件；国内互联网平台的出行服务导致用户被害；内容平台因内容低俗向公众致歉；还有互联网服务公司被用户认为存在大数据杀熟、信息造假等。可以说，互联网在30年的狂飙猛进之后，站在了一个'善'与'恶'的十字路口。"除腾讯之外，全球主要的互联网公司也都在提倡"向善"。

不过，在腾讯提出"科技向善"的10年前，大数据已经开始加速发展，社会舆论中出现了"科技非善"的说法并引发了争议。其争议的焦点是：大数据果真能带来"善"吗？著名的《连线》（WIRED）杂志前主编克里斯·安德森（Chris Anderson）在这一争论中处于风口浪尖，但不是因为他提出了"向善"与否的强论证，而是他指出了某种

---

[1] 司晓：《关于腾讯"科技向善"的五个核心问题》，2019。据腾讯研究院：https://www.tisi.org/15076。

不可避免的变革根据——安德森称之为"理论的终结"。

安德森认为,大数据使得科学方法的重要性大大降低,因为大数据的基础逻辑和方法是具关联性的,而非因果性的:"在这个世界上,海量数据和应用数学取代了可能被使用的其他一切工具……有了足够的数据,数字便能说明一切。"在科学研究中,科学家认为关联性不等于因果关系,不应该仅仅根据 X 与 Y 之间拥有关联性而得出任何结论,因为这很可能只是巧合。基于因果法则的认识论,我们还需要了解二者之间的连接机制,"但面对海量数据,这套科学方法(假设、模型与测试)已经过时了"。[1] 在这段论述中,安德森指出了由大数据所引发的认识论在基础层面的变化。

多年以来,因果性一直被视为是现代科学的一个锚点,现代哲学家们更是基于此而演绎出了整个现代世界的规范性框架和图景。笛卡尔"我思故我在"中的"故"犹如坐标系的原点,确立了以现代主体为中心的基本框架。后来者在经验与先天之间的争议,从"休谟难题"到康德的"哥白尼革命",仍旧保留了将因果性作为基底的认识论框架,更遑论由此演绎而来的社会契约、革命宣言和科学的可验证基础。安德森似乎打开了一个"潘多拉魔盒",他认为大数据正导致认识论在基础层面发生改变——他个人乐观地拥护这一切。他的看法并非一家之言,还有更多的人认为,这种基础层面的变化带来了不确定性——那些身为大数据的推动者和相关技术拥有者的互联网巨头,并不能如他们所设想的那样拥有"向善"的意向,更不能如其宣称的那样为"向

---

[1] Chris Anderson, "The End of Theory: The Data Deluge Makes the Scientific Method Obsolete," *Wired* 16, no.7 (Jun. 2008): 23.

善"而努力。世界正面临着安德森指出的基础层面的不确定性。

美国作家马克·普伦斯基（Marc Prensky）写道："科学家不再需要进行有根据的猜测、构建、假设和模拟，并用基于实验的数据和例子来测试它们。相反，他们可以挖掘完整数据集中揭示效果的图案，从而不需进一步实验就可得出科学结论。"[1] 哲学家安迪·克拉克（Andy Clark）也表示，大数据分析消除了人类影响，从而消除了所有随之而来的人类偏见[2]。这些作者不仅拥护，而且期待大数据和数字技术能为人类社会带来广阔且光明的前景。

马化腾在朋友圈发布的消息，无非是全球范围内的互联网巨头试图消除技术的负面形象的一个中国时刻。不过这里的重点，不是讨论互联网巨头为自己确立合法性和道德性的策略或措施，而是表明与全球联动的这一中国时刻的一种强烈的冲突。因为悖谬的是，与"腾讯"们宣扬"向善"意向相关的，是此起彼伏的对由互联网公司和数字技术所主导的数字社会的批判。批评者认为，数字技术、社交媒体、大数据、算法和智能系统不仅日渐主导我们的日常生活，而且在意识、行动、沟通、情感乃至决策方面深层次地影响了我们。这指向了一种全球性的状况——数字技术已经在基本层面波及前述的认识论和科学话语，并表现在与之相关的人类行为、日常生活和文化模式上。

人类已经越来越无法在脱离数字技术的状况下生活和行动，这必然意味着背景式的数字基础设施已经跟我们的文化和社会紧密相关。

1　Marc Prensky, "H. Sapiens Digital: From Digital Immigrants and Digital Natives to Digital Wisdom," *Innovate: Journal of Online Education* 5, no.3 (2009).
2　Andy Clark, "Whatever next? Predictive brains, situated agents, and the future of cognitive science," *Behavioral and Brain Sciences* 36, no 3(2013): 181-204.

也必然意味着单数之人的行为、实践和行动意义的转变,同时也是复数之人"意义"的转变。

"马化腾"们提倡的"向善",通过各类批评反而显现了出来,而且其影响不断扩散。在与日常生活紧密相关的空间中,互联网公司已经逐渐开始在城市规模的层面搭建与数字基础设施相关的空间结构。英国地理学家奈杰尔·斯里福特(Nigel Thrift)曾借助哲学家费利克斯·瓜塔里(Félix Guattari)和彼得·斯洛特戴克(Peter Sloterdijk)的观点,提醒我们城市在数字化进程中的变迁。他认为城市发展被数字化的媒介变成了持续的、自组织的、有生命的环境性生产,这种看法强调日益更迭的软件的能动性及其"空间的自动生成"[1]。这里的能动性指代软件收集、共享和分析数据的方式,而我们生活在其中的世界变成了由算法、协议和数据库结合的数字化智能世界。斯里福特指出:"日常空间的计算能力趋于饱和,从而将越来越多的空间转化为计算活跃的环境,用于在内部以及相互之间进行交流。"[2] 软件因此形成了"一套新的效力",一种"生成的改变性"[3],并最为明显地集中表现在城市中。它会在没有人类干预的情况下改变城市空间,导致空间本身发生变化——空间是一种持续流动、共鸣、编码、迂回和情感化的环境[4]。

空间或城市的这种变化反映了技术与社会的关系的改变,大卫·宾

---

[1] Nigel Thrift and Shaun French, "The automatic production of space," *Transactions of the Institute of British Geographers* 27, no.3 (2002): 309-335.

[2] 同上。

[3] 同上。

[4] Nigel Thrift, "Lifeworld Inc—and what to do about it," *Environment and Planning D: Society and Space*, Vol.29, No.1 (2011): 5-26.

汉（David Bingham）很早便提出"社会技术"（Sociotechnical）这个概念来表达这一关系。他认为社会总是与技术紧密地联系在一起，它们相互促进[1]。这种关系在数字时代更具体也更集中地体现在了各类数据化的趋势方面。在数字环境中，数据化越来越多地涉及有关当前社会的研究方法和批判概念。例如在社会科学和自然科学领域，数据密集型应用和实证主义方法甚至被认为优先于长期以来的后实证主义和批判性方法[2]。就概念而言，它具有描述性——例如列夫·马诺维奇（Lev Manovich）提出可以将当代世界视为一个数据库，维克托·迈尔-舍恩伯格（Viktor Mayer-Schönberger）和肯尼斯·库基尔（Kenneth Cukier）称这种现象为"数据化"[3]，而寻求描述当代现实隐喻的其他研究人员还提出"度量专政"[4]"度量文化"[5]等概念。何赛·范·迪克（José van Dijck）提出，当我们假设数据是理解人类行为最合适手段的意识形态时，可以称之为"数据主义"[6]。值得一提的是，这种批判绝非又是所谓的批判性理论家或者人文学科学者正在从事的事，数学家凯西·奥尼尔将大数据和数字化导致的这一系列现象称为"数学杀

---

[1] Nick Bingham, "Sociotechnical," in *Cultural Geography: A Critical Dictionary of Key Ideas*, eds. David Sibley, Peter Jackson, David Atkinson and Neil Washbourne (London: I.B. Tauris, 2005), pp. 200-206.

[2] Rob Kitchin, "Big Data, New Epistemologies and Paradigm Shifts," *Big Data & Society* 1, no.1 (2014): 1-12.

[3] Viktor Mayer-Schönberger, Kenneth Cukier, *Big Data: A Revolution that Will Transform How We Live, Work and Think* (Boston: Houghton Mifflin Harcourt, 2013).

[4] Jerry Z. Muller, *The Tyranny of Metrics* (Princeton: Princeton University Press, 2019).

[5] Btihaj Ajana (ed.), *Metric Culture: Ontologies of Self-tracking Practices* (Bingley: Emerald Group Publishing, 2018).

[6] José van Dijck, "Datafication, Dataism and Dataveillance: Big Data Between Scientific Paradigm and Ideology," *Surveillance & Society* 12, no.2 (2014): 197-208.

伤性武器的威胁"[1]。

"空间－城市－地理维度"、数据化描述以及与之相关的话语，从"平台资本主义""监控资本主义"到"数据殖民主义"，汇总为本书所关注的批判性技术研究。它们勾勒出今日世界（即数字化世界）的另一番面貌。也可以说，"马化腾"们的"科技向善"必须始终面对批判性话语的挑战，即面对针对"科技向善"的科技巨头、平台资本和算法数据库等的批判性研究。这也表明，技术现实正在构筑我们存在于其中的生活环境。它们是如何构成了我们进行实践和思考的前提，甚至影响到"人"之概念的转变？这一系列问题暗示了一种历史性的变革，并集中表现在一个核心概念——现代主体上。

近年来，许多批判性研究都提出，人与非人系统的结合形成了新的主体形式。这种主体形式通过数字化、数据化和数字媒介化的时空结构、基础设施和沟通手段而与周围世界保持联系并行动。它依据一系列的技术过程和技术要素建构而成——现代主体的意义、能动性和行动模式均与广泛的技术化社会环境相结合[2]。除此之外，这种主体形式的行为方式又导致新的文化模式、生产方式和伦理表达的形成。更重要的是，在批判性研究中，新的主体概念与过去几个世纪主导着全世界的主体概念、有关于"人"的理解以及基于其上的社会意义和文化表达渐行渐远。

在此意义上我们似乎可以说，"马化腾"们的"科技向善"需要

---

[1] 凯西·奥尼尔：《算法霸权：数学杀伤性武器的威胁》，马青玲译，中信出版集团，2018。
[2] 近些年在艺术中的表达可见 T. J. Demos, *Against the Anthropocene: Visual Culture and Environment Today* (Berlin: Sternberg Press, 2017)。

面对的质疑和挑战，在深层意义上是对一种漫长社会进程的反思乃至不满。如果《民以食为天》暗含了艺术意义的变化，那么"马化腾"们的价值转向和相关的批判性视角，就不仅暗含了数字技术引发的冲突和争议。它还意味着在与技术现实交织的情况下，现代主体及其存在方式发生了剧烈的变化。它们已经并将继续在更大规模的层面，也是更多维的语境下引发意义的变化：作为主体的人，正与技术环境日益结合。所以这两个历史切片指向了一个类同的趋势：艺术意义的环境化表达（即环境性），以及主体的环境化特征。

0.3　艺术、技术与环境性

如前所述，在过去一个世纪的艺术场景中，特别是近六十余年来，出现了不断变化的话语框架、形式变迁和艺术形态，它们遍及全球。就像《民以食为天》显示的，它可以被视为一种围绕社区、街道和日常生活而展开的参与式公共艺术，采用合作、挪用和拼贴等艺术手法，明确地表达"为了公共利益"的艺术诉求。在过去十余年里，中国出现了诸多与此类似的艺术场景，包括位于甘肃的石节子美术馆（始于 2008 年）、贵州的"羊蹬艺术合作社"（始于 2012 年）、广州的黄边站（始于 2012 年）等。在更早之前（至少从 20 世纪 60 年代开始），欧洲和美国等地区相似的艺术场景便日渐增多。其中包括将整座城市视为艺术发生地的艺术项目，如英国的"爱丁堡国际艺术节"（Edinburgh International Festival）、德国的"明斯特雕塑项目展"（Skulptur Projekte Münster）、荷兰阿纳姆（Arnhem）的"桑斯比克"

（Sonsbeek）、美国芝加哥的"文化在行动"（Culture in Action）等，个人艺术项目如艺术家艾伦·桑菲斯特（Alan Sonfist）的《时间风景》（Time Landscape）等；也包括为某个具体的社区或街道解决问题，针对美术馆、博物馆等机构的赞助问题——典型的如20世纪70年代的汉斯·哈克（详见后文）、20世纪最初十年至今的南·戈尔丁（Nan Goldin）等。整体而言，已经有相关学者在讨论分析这些出现在欧美地区的艺术场景的特征，并观察和研究这些特征是如何影响到中国类似的艺术场景的。

在这些艺术场景中，艺术与日常生活、与观众更密切地联系在了一起。尽管这种打破"艺术与生活"之边界的传统其来有自——例如在20世纪早期，历史先锋派就主张这种艺术观点，"达达"（达达主义）走上街头，进入咖啡馆；或者戏剧表演中打破舞台与观众之间的边界的沉浸式表演。凡此种种，无不预示着前文论及的被依次打破的画框、底座甚至美术馆的"墙"。但到了20世纪中后期，这种直接的行动不仅在范围上扩大了，涉及的程度也更深，甚至形成了前文所谓的"转化成具有道德和政治生产性质的宽泛的社会实践[1]和社会行为"。

在当代的论述中，"环境性"是一个关键术语，主体与技术、环境性相结合，使其意义变得环境化，成为值得深思的议题。然而在前述艺术场景的演变过程中，艺术的环境性虽有论述，却未受到应有的重视。艺术的环境化意味着艺术的意义变得更加开放——不仅拥有环境性的特征，还隐含着艺术出现后阐释学主体的趋势；意义也不再是

---

[1] 甚至于在艺术教育中也出现了相应的专业学位，例如北美地区的"社会实践"硕士学位，欧洲则称为"社会介入式艺术"硕士学位。

由拥有阐释能力和权力的单一主体来阐释。水墨艺术家马锟的转型首先表现在他和他的创作方法、要素、诉求和结果,均与一个全新的日常环境相关。或者说,艺术的环境化实则代表着"环境性"的文化形态。特别是,曾经不被纳入阐释艺术意义范围内的人、物件、事件、空间和诉求等,如今都成了影响艺术意义的关键要素。

这在上述艺术场景中主要表现在两个维度上:艺术走向更开放的空间以及艺术的公共化。前者包括艺术作品走向了社会空间、自然空间和技术空间;后者指艺术的构成性要素——包括母题(motif)、方法和参与者等,变得不只与社会、自然和技术相关,更直接地影响甚至改造社会、技术和自然。艺术不只是一种再现主义的文化表达,更是一种直接的社会实践,其意义也不再局限于纯然的文化领域,而是涉及处于其中的整个环境。

不过,艺术的环境化也加剧了艺术的资本主义化,也可以说环境化是艺术的新形式,是技术的新形式,更是资本主义的新形式。但在讨论这种变化时,大量词汇和话语似乎将其视为一种积极的乃至进步的(progressive)艺术意义的建构。在相关的描述和评价中,论者认为它们是开放的、去中心化的、去等级制的,也是先锋的,甚至因为有了公众的参与,更具有平等的品质。这些评价的性质使得艺术意义的变革成为全球范围内的趋势,乃至"先天为善"的艺术主张和方法[1],它们持续地蔓延和推进,进一步推动了艺术的意义发生改变。

---

1 这一点在过去 10 年愈发明显,克莱尔·毕肖普(Claire Bishop)在讨论"参与式"艺术时指出:"把参与跟协作视为是毋庸置疑的'善',即它们本身就是左翼的一种政治目的。"见克莱尔·毕肖普:《人造地狱:参与式艺术与观看者政治学》,林宏涛译,中国美术学院出版社,2024,"十周年序"。

尽管"环境"在当代的学术讨论中是一个重要的关注点——特别是本书关注的"技术环境",但从此角度考察艺术领域的研究却不多,有关环境的讨论也很少关注"艺术"的相应变化[1]。然而根据前文的分析,环境性不仅是当前时代的一个共通且普遍的特征,还是当代的艺术与技术的关键,因而可以被视为是走向数字生态的关键。

如前所述,有关技术和数字社会的研究表明,人们的行为举止已经因数字技术的发展而悄然生变:技术越来越密集地渗透于日常生活中,日常生活越来越成为存在于技术环境中的日常生活。在"数据化"的基本趋势下,人类生活从基础设施到行为模式,均受到"数据集合"概念(data assemblage)背后结构的影响,包括数据生成、流通和部署的框架,其中包含了所有技术、政治、社会和经济手段和要素[2]。它们意味着数字化的基本流程和要素设施,通过"数据化"表现为"将社会行动转化为在线量化数据,从而实现实时的跟踪和预测分析",并转化成具体的行为、内容和结果。由于这些要素的影响,过去十余年人类加速进入了数字时代及成规模发展的计算阶段,最关键的特征是人的能动性发生了改变:我们的行动能力、可能性和权限,转向了开放的背景式设备,甚至形成一种"技术无意识",使得我们作为主体与技术环境融为一体。可以说,环境性的技术形态正在构筑今日的

---

[1] 气氛美学是一个相关的讨论,但仍然有所不同。可见格诺德·波默:《气氛美学》,贾红雨译,中国社会科学出版社,2018。在更早之前,当代音乐中的氛围或者环境特征也是一个相关的视角。
[2] Rob Kitchin and Tracey P. Lauriault, "Towards Critical Data Studies: Charting and Unpacking Data Assemblages and Their Work," *The Programmable City Working Paper 2*, (July. 2014): 1.

世界。不过，对于此种环境性的讨论并不少见。

1979年，当信息通信技术进入高速发展和后续的普遍应用阶段时，米歇尔·福柯（Michel Foucault）就用"环境性"来描述即将到来的状况。福柯认为，这是一种后主权的治理模式[1]。他敏锐地捕捉到与新的技术状况一同来临的治理模式的变化，并指出这跟新自由主义经济的发展紧密相关。一方面，治理转向了环境性；另一方面，环境成了全面市场化的要素并主宰一切。这种环境性与权力形式和基于其上的治理密切相关，它取代了全面的规训社会。这种社会面临的不再是规训社会体系下普遍规范化的机制和无法规范化的排斥，而是一种优化差异系统的社会的形象、观念或"主题－计划"。这是对社会的环境性干预，而非对个体的内部征服。换言之，所谓的规训正在从对个体的规训转向对外部环境的控制，从原来的"规范性规训体系"中"大规模撤离"，所以不再是寻求"规训的规范化"，而是对环境进行干预的"技术"。这是一种环境技术，但不是标准化的、同一化的和等级式个体化的，而是创造了一种"环境性"[2]——随之而来的则是"生命政治"。

此后，哲学家德勒兹（Gilles Deleuze）和瓜塔里延续了福柯的想法。德勒兹提出的"控制社会"将技术、权力和政治经济学相结合，成为后续讨论数字社会的关键视角。瓜塔里除了与德勒兹合著之外，还因受到控制论和生态学的影响而提出"三种生态"，并在诸如让·吕克－南希（Jean Luc-Nancy）、马修·富勒（Matthew Fuller）和埃里

---

[1] 米歇尔·福柯：《生命政治的诞生》，莫伟民、赵伟译，上海人民出版社，2018。
[2] Erich Hörl, "The Environmentalitarian Situation: Reflections on the Becoming-Environmental of Thinking, Power, and Capital," *Cultural Politics* 14, no.2 (2018): 153-173.

希·霍尔（Erich Hörl）等媒介研究和技术哲学的研究基础上得到进一步的发展。

除此之外，在福柯之前，法国哲学家吉尔伯特·西蒙东（Gilbert Simondon）也提出过与此类似的看法，并在近年来备受瞩目。西蒙东认为，"环境"是一个动态场域，具有本体论的含义，即个体与技术物在其中互动，在"存在"的内部和外部表现出物质和能量的能动性。这意味着外部和内部并非截然对立的，而是彼此构成的共生的本体论过程。与此类似的还有西蒙东的哲学同事乔治·康吉莱姆（Georges Canguilhem）和雷蒙德·鲁耶（Raymond Ruyer）。他们对"控制论"持怀疑态度，并提出一种在个体之间、人与技术，以及与环境共生的本体论过程。这种在哲学本体论的意义上思考"环境"的想法，影响了后来的如蒂齐亚娜·特拉诺瓦（Tiziana Terranova）、贝尔纳·斯蒂格勒（Bernard Stiegler）和马克·汉森（Mark B. N. Hansen）等研究者，他们通过"环境"来考察信息和媒介的存在方式，并将技术视为本体论的一部分。特拉诺瓦甚至借助西蒙东的思想，转变了过去用香农（Claude Elwood Shannon）的方式来理解"信息"的思维模式。

特拉诺瓦从"环境"层面考察信息，提出"信息不再是简单的第一层符号，而是支持和包围意义生成的环境。与其说没有信息就没有意义，不如说在信息环境之外没有意义，这种环境从各个方面超越并破坏了意义的领域"[1]。可以说，意义与信息环境的结合扩展了"意义"的传统意涵。也可以说，这是环境性的另一种表达。就此而言，在福

---

[1] Tiziana Terranova, *Network Culture: Politics for the Information Age* (London: Pluto Press, 2004), p.9.

柯之后，以"技术"为核心的有关社会治理的讨论，因为与信息的结合以及对"信息"的意义的扩展，而逐渐突显出关注去物质化的治理问题的趋势。技术环境也由此转变为治理性的"技术－信息"环境，与之相关的意义生产者和信息制造者——主体，也在其中发生了根本性的转变。

0.3.1　现代主体与环境性主体

进入 21 世纪以来，主体愈发处于与媒介、信息和环境的共生关系中。这一方面体现了主体日益面对的"环境性"状况的急迫性；另一方面，深化了环境性对今日世界的影响。在更新近也更具有代表性的研究中——如媒介理论家汉森通过西蒙东、瓜塔里和斯蒂格勒等人的研究，将"技术－信息－媒介"环境与主体的转变相结合。汉森指出，分布式技术在感知、意识和记忆层面深度地主宰着人类的能动性，导致人类经验世界的能力发生转变，特别是人类的感知和意识呈现为技术分布的状况：

> 21 世纪的媒体并不像 19 世纪和 20 世纪的记录媒体那样为经验提供记录的替代品，而是通过影响经验的发生方式来发挥作用。21 世纪的媒体并没有在记忆本身层面进行干预，而是影响了作为记忆之整合功能基础的、独特的、准自主的微观能动性，以及影响该功能的其他环境维度。在一个日益受到 21 世纪媒体支持的世界中，媒体对人类经验的直接影响被其间接影响所掩盖。因此，与其说今天的媒体提供了将经验能力扩展到我们感觉器官和记忆

的各种内在限制之外的假体，不如说它直接影响了感性的连续体，即潜能的源泉，而以能动性为中心的高阶经验正是从这个源泉中产生的。[1]

汉森的这段话表明人类经验世界的能力的改变——分布式技术，使得人类的经验受制于"媒介-技术"的能力。尽管这让人回想起麦克卢汉的著名论断——"媒介是人的延伸"，但区别亦非常明显。因为此处的要点不是从人开始的延伸，而是构成乃至约束人的问题。无论这是否在严格意义上颠覆了康德式认识论提出的先天能力对经验杂多的综合——因而可能是另一场"哥白尼革命"——它都至少表明："技术-媒介-信息"环境，正在重新提出主体性与技术性的相互构成关系问题。或者说，技术环境在主体性的构成中至关重要，不可小觑。

然而，在环境、技术与主体的关系中，除了上述认识论和本体论维度之外，还涉及权力要素和主体概念所隐含的历史性问题。这一视角，成为过去数十年人文学科和哲学社会学研究中的主要趋势。如果我们将"主体性"的变迁视为环境、技术和主体三者关系中的核心因素，那么诚如德克伊瑟（Thomas Dekeyser）提醒我们的，这种新的主体性（如果有）是一种后人类主义的主体性，它将主体视为与技术环境共同构成的对象。这种主体性在近些年的研究中通常被表述为是由

---

[1] Mark B. N. Hansen, "System-environment Hybrids," in *Emergence and Embodiment: New Essays on Second-Order Systems Theory*, ed. Bruce Clarke and Mark B. N. Hansen (Durham Duke University Press, 2009), p.114.

人类生命与技术物"纠缠"[1]"协作"[2]"耦合"[3]和"合作"[4]产生的。所谓的历史性,正是针对启蒙思想的另一面——借用地理学家吉莉安·罗斯(Gillian Rose)的看法,后人类主义的主体性理论为"几个世纪以来的西方哲学提供了必要的纠正,因为西方哲学只将能动性归因于一种特定的人类:男性、白人、异性恋的主权主体,能够不受物质对象(无论是工具还是身体)的束缚而进行理性思考"[5]。

不同于此,后人类主义表明,技术环境提供了新的、有别于启蒙思想中人本主义现代主体的主体性概念,打破了与之相关也是由其规定的意义范畴(现代主体即现代以来的社会框架的基础概念)。诚如前述,笛卡尔确立了"自我"是奠定世界和经验的基础,"自我"是由自己安排世界的能力界定的,这形成了启蒙运动以来描述乃至规定现代社会的基本逻辑。但与此相关的另一位大哲卢梭(Jean-Jacques Rousseau),除了众所周知的"社会契约论"外,他还在更个人化的表达中阐述了个体与集体的关系。

卢梭曾在《忏悔录》中写道:

> 我敢于剥光人的本性,追随时间流逝,追溯扭曲它的事物;

---

[1] N. Katherine Hayles, "Refiguring the Posthuman," *Comparative Literature Studies* 41, no.3 (2004): 311-16.
[2] Louise Amoore, "Doubt and the algorithm: On the partial accounts of machine learning," *Theory, Culture & Society* 36, no.6 (2019):147-169.
[3] Mark B. N. Hansen, *New Philosophy for New Media* (Cambridge: MIT Press, 2004).
[4] Rosi Braidotti, "A theoretical framework for the critical posthumanities," *Theory, Culture & Society* 36, no.6 (2019): 31-61.
[5] Gillian Rose, "Posthuman agency in the digitally mediated city: Exteriorization, individuation, reinvention," *Annals of the American Association of Geographers* 107, no.4 (2017): 782.

通过比较人的本性和人的自我,我向他展示了他所假装的完美,以及他痛苦的真正根源。通过这些崇高的沉思,我的灵魂飞向了神灵;从这个高度,我俯视着我的同胞,他们正在盲目地追求他们的偏见、他们的错误、他们的不幸和他们的罪行。

卢梭的这段表述与他在《论人类不平等的起源和基础》中的观点一样[1],指出了个体性正受到社会和文明的压制、禁锢和掠夺。个体只有拒绝社会压力并无拘无束地表达个体性才能获得自由。这种观点,在20世纪中后期的西方文化和社会运动中得到了极大的发挥。受到卢梭影响的康德,将自我的统一(即统觉)视为推动理性能力包括实践能力的关键,并由此推导出道德规范和政治议程。

西方现代主体概念从个体性、集体性以及二者的关系,从契约论、法律和政治框架以及性别和文化表征等维度,确立了现代社会的基本规范,也确立了人本主义的基本逻辑。海德格尔(Martin Heidegger)视之为"现代形而上学",即由笛卡尔开创的存在者阐释和真理阐释的道德[2]。在相对晚近的批判思想中,例如20世纪最著名的法兰克福学派有关启蒙运动的批判,认为启蒙思想家将理性的主体确立为世界的基础,并最终导致了人类统治自然等一系列灾难性后果。其他思想家或从索绪尔(Ferdinand de Saussure)的语言学出发,反对由语言确立的主体性和欧洲中心论;或如福柯提出的主体之死,或如巴特勒

---

1 让-雅克·卢梭:《论人类不平等的起源和基础》,李常山译,商务印书馆,1997。
2 马丁·海德格尔:《世界图像的时代》,载孙周兴编译《存在的天命:海德格尔技术哲学文选》,中国美术学院出版社,2018,第54页。

（Judith Butler）提出的女性主义主体，或如后殖民主义批判提出的对殖民地的模仿（霍米·巴巴）等[1]。无论如何，各类思想开始从不同维度批判并反思现代主体。

面对新的状况（即主体性概念与新的技术环境的结合），技术环境的形成结构也被纳入批判话语中。现代主体的构成性要素及其规范性意义，以及由此产生的人类的神圣性、独异性和例外论[2]，也因此遭到来自新视角的质疑。这不仅表现为人们在认识论和本体论层面重新思考主体的建构，而且延续了前述批判谱系和政治经济学批判的路径。例如，当数字技术、主管数字基础设施的大型企业和权力机构，以及奠定它们的价值规范和设计程序，在不同层面渗透日常生活后，主体的形成、形式和表现也愈发受制于这些权力和结构性的关系。

批判话语通过提出人与非人系统相结合的主体形式，形成针对现代主体的批判，一种看起来是防御性和攻击性的批判，甚至在技术领域表现出了与艺术场景的相似性。针对数字社会的批判重新审视了与现代主体相关的问题和结构性要素。在艺术中，意义的重建或扩展与主体的变迁相一致，主体性以及围绕它的相关部分成为艺术意义的构成性要素。然而二者的关系却并未被厘清，尤其是在技术的环境性并

1　Stuart Hall, "Minimal Selves" in *The Real Me: Postmodernism and the Question of Identity*, ed. Lisa Appignanesi (London: Institute of Contemporary Arts, 1987).

　　Elspeth Probyn, *Sexing the Self: Gendered Positions in Cultural Studies*(London and New York: Routledge, 1993).

　　Homi Bhabha, *The Location of Culture* (London and New York: Routledge, 1994).

2　Donna Haraway, *The Companion Species Manifesto: Dogs, People, and Significant Otherness* (Chicago: Prickly Paradigm, 2003)

　　Cary Wolfe, *What is Posthumanism?* (Minneapolis: University of Minnesota Press, 2010).

非天然被接受的时候。相反，如果技术被注入了相应的诉求和关于理想的愿景，那么这种环境化不仅变得必要，也变得充分，甚至构成了治理形式和社会现实的前提。

同样，艺术的环境性也非自然而然的。如果艺术的环境性是一个关键的艺术变化，那么这种变化必定响应了某种变革——或许是技术的，也可能是社会现实的，又或者由二者的交织造成。因此，艺术与技术的环境性不仅可能具有同构性，而且存在交织关系。为了理解这种交织关系并对环境性进行反思，本研究试图引入跟环境性有关，但更具反思性的思想模型——生态学。另一方面，技术环境因为主体的扩展、意义结构的变迁，需要来自其他视角的分析——20世纪中后期的生态学范式对此具有启发意义。

0.3.2 从环境性到生态学

在技术、艺术和社会研究中引入"生态"并非新鲜事。20世纪中后期，如波兹曼和富勒的"媒介生态"、阿尔泰德（David Altheide）的"传播生态"[1]、纳迪和奥黛的（Bonnie Nardi and Vicki O'Day）"信息生态"[2]等，均从不同角度阐释了具有新的环境特征的社会形态。在新近的数字研究中，"生态"也成为与之紧密相关且更常见的关键词。一些研究者将数字社会的基本状况称为"数字生态系统"，在技术和

1　David L. Altheide, *An Ecology of Communication: Cultural Formats of Control* (Berlin: De Gruyter, 1995).
2　Bonnie Nardi and Vicki O'Day, *Information Ecologies: Using Technology with Heart* (Boston: MIT Press, 1999).

社会现实意义上使用"生态",表达了其生物学的比喻意义。然而,本研究试图借助格雷戈里·贝特森(Gregory Bateson)的思考,表明和引入并非完全生物学意义上的"生态"概念。

贝特森提出一种不同于现代科学还原论意义上的"生态"。这种生态涉及心灵的生态,是将个体或部分纳入更大的整体的、递归的过程之中。这一视角下的主体走出了现代以来基于人类"意识/认知/理性"的心灵的主体,成为后人类主义将主体与技术和环境等维度相结合的一个关键的思想来源。但引入这一意义的"生态",是希望阐释其"范导性"含义——尽管在技术现实和社会现实意义上的"数字生态"包含了艺术与技术状况的同构性,但它们还在思想模式层面蕴含着共通性,即对现代性叙事的反思和更新。这种更新,表现为从生态学角度强调关系性的存在模式,将部分与整体纳入一个技术话语的递归过程中,打破西方哲学中的目的论结构,即无论是人类、生物体还是机器,都具有基本的特定目的并因此而拥有意义——这便是贝特森所谓的"心灵生态"。心灵生态不仅是跨学科视野下对人与环境的重新理解,还提供了后续的后人类主义思想的基本条件,即通过不同角度重新阐释主体。

在贝特森的生态思想中,主体被理解为是与更大的语境、关系结构相关联的,后来的后人类主义理论将这些更大的语境框定为"技术环境",这种思考呈现了能动性在数字时代的具体变化,更形成了考察数字时代的关键视角。因此,贝特森的生态思想可以被视为概述思想模式转型的关键,本书称之为"生态转向"。它既体现为具体的研究话语和相应的思想视角,也是书中讨论的"数字生态"的一个关键内涵。也就是说,要讨论作为一种社会过程和形式的"数字生态",

需要考察话语模式——特别是有关存在的论述模式、认识论变迁、本体论维度,以及与主体有关的意义诉求问题。它们在很大程度上浓缩在了"生态"问题上,却又具体地表现在今天的数字文化、行动样态和主体形式的变化中,并构成了本书提出的——笼统而言的——数字生态的几个关键要素上。

行动、思考和交往方式的变化,除了源自人与非人系统的结合而形成的最直观意义上的"数字生态",还因人、非人系统与其他个体之间的关系而表现出当前时代的变革,包括意义的诉求变得更具集体性,以及意义的呈现方式和实现方式需要建立在一个共同的结构和领域中。这些变化既是后数字时代的基本面貌,也形成了新的文化模式。这些看似有所更新的文化模式和行动方式,实际上是与技术共生演变的主体的必然表现。因而在构造新的数字文化、数字社会和数字状况的同时,蕴藏了一种针对主体的反思。特别是,与之相对应的、侧重政治经济分析的解释进路,指出了艺术与技术在环境性趋势上的同构性与由主体的变迁所反映出来的治理形式相关。

正是基于此种关联,本书认为要理解这种治理模式,就不能局限于对文化、艺术和技术领域的分析——这些领域始终处于具体而特定的时空现实当中。更重要的是,此类具体的时空现实结构跟规范性要求可能具有交织构成的关系,并至少提供了一个可供参考的阐释视角。要相对全面地阐释前述变迁,我们还需要思考本书讨论的艺术变迁和技术变迁在起始阶段的政治经济现实。而从结构性反思的意义上讲,将文化和话语的更新置于这种基础现实中考察本身是其应有之义。

从 20 世纪六七十年代起,欧洲和美国社会逐渐步入新的社会政治和经济文化阶段(详见第五章),经历了一次又一次的社会危机。这种危机叙事包含政治经济维度,涉及生态环境状况,也关乎主体的状态。艺术和技术的变迁身处其中,我们甚至可以将艺术和技术愈发表现出的批判话语和实践取向,视为通过文化主义批判来应对这场长危机的具体表现。在此意义上,一种并非完全生物学意义上的"生态"将有助于我们理解在隐喻层面看不到的"生态"问题。这种(数字)"生态"不只是一种技术现实,还是一种后数字的存在状态,也就是在技术层面,新的生态已逐渐成形,主体行动正身处其中,而主体和意义的变化,是技术生态的内涵变得更为丰富的关键。但思考它们的变化,还需要一种漫长的社会危机视野,一种基于主体概念亦从其出发的长历史视角。无论是在艺术还是技术领域,逐渐突显出来的主体与意义要素,都可以被视为是在回应某些社会危机。

本书试图将这些社会危机视为源自资本主义的长期矛盾的表现,而批判性话语及其在艺术和技术中的当代表现正是这场危机的集中反映,也是人们努力面对这场危机的无奈之举。它们反映了历史性的社会变迁,就像发生在2019年的两个历史切片所显示的,无论是艺术文化领域,还是与日常生活日益密切的技术领域,都在发生历史性的转折。人类创造的意义领域和"主体"概念均在发生改变。借用海德格尔的话说,这预示着"人的本质发生了根本变化"[1]。而与之相关的技术变革——诚如马克思告诫我们的——还是资本形式的变化。这种状况在发达资本主义社会表现得更突出,但也具有一定的全球共振效应。其中的一些具体表现以不同方式遍及全球,其至出现在了中国,是距

---

[1] 海德格尔:《世界图像的时代》,孙周兴编译《存在的天命:海德格尔技术哲学文选》,中国美术学院出版社,2018,第54页。

离我们最近的时代变革，也是我们正身处其中的现实状况。因此，尝试性地描述这一历史过程，并在社会危机层面阐释已经表现在艺术和技术中的主体的变化和意义的环境化状态，以及它们正在构造的"数字生态"，或许可以为理解当前的时代提供一个更具启发性的视角。

本书除了在最后通过危机视角分析数字生态，还试图阐明"数字生态"的一种范导性含义，即在技术环境的"生态"含义外提供一种反思性维度。这可能是"走向数字生态"途中的关键。为此，书中借助将生态学视为一种认识论立场的贝特森思想，以避免前一种生态意义带有的不足之处。同时这也表明，仅仅作为一种文化主义批判的批判性话语和实践并不能真正应对这场危机。总之，本书将"走向数字生态"视为一个历史性的动态过程，尝试对其进行描述和解析，最终提出"生态思维"对于理解隐藏在这一过程背后的"社会危机"具有范导性意义。

0.4　研究的主题

在"走向数字生态"这一短语中："走向"是一个正在进行中的状态，尚未完结，具有开放的可能性；"数字（化）"是一种历史性的和正在生成中的技术现实的基本表达；"生态"借自 20 世纪中后期以来的批判性话语和思想模式。但如前所述，本书不是在自然主义的隐喻下或完全在生物学的意义上借用它——譬如用来模拟自然生态的复杂演化，而是尝试突破具体的分类或边界；也不是在现代主义还原论意义上视之为异质的过程关系复合体，而是将其视为一种社会模式。

它的形成过程已经进行了数百年，涉及历史上生成意义复杂化的结构性变迁，并在过去半个多世纪，因社会的结构性转型和面临的危机而加速演变。艺术、技术和主体（的变迁）都是其中的具体构成性要素，在不同的层面和不同的阶段发挥着互为因果的作用。从地理空间维度来看，这一过程发端于现代资本主义的核心地区，并随着技术、资本和文化交流等的扩散而遍及全球。

简言之，"走向数字生态"描述了新的技术现实与一种新的社会模式相互构成的过程，现代主体概念在该过程中不断演变，并成为跟环境紧密相关的关键，基于主体的意义文化也浸入环境，形成了新的行动和文化形式。然而理解这一系列的变迁，还需要考虑其与现代社会的危机的关系。

不过，当代的艺术与当代的技术这两个看似相去甚远的领域，为什么具有这种同构性？要回答这一点，需要：（1）确立本书的研究领域；（2）确定具体的研究对象；（3）明确一种广义的研究方法。

如前所述，2019年发生在中国的两个历史切片反映了当代的艺术与技术中普遍存在的某种趋势，并分别指向艺术意义的变化和技术变革所引发的行动和社会意义的变化。本书试图聚焦在艺术研究与技术研究这两个主要的领域，并将主体确立为具体的研究对象。

首先，在本书的研究范围内，主体愈发突显其在艺术中不同于以往的重要性，甚至于主体本身成为艺术中显性的关键部分。这至少表现在两个维度上：其一是主体作为艺术的创作要素或议题而出现，艺术或艺术家愈发直接地关注主体问题，由此突显了主体在艺术中与形式、风格、媒介和空间等要素具有类似的重要性；其二，在最近一个世纪的历史中，主体逐渐显示为一种艺术方法——既是艺术家进行创作时考虑的方法要素,也是艺术史学者和批评家做研究时的方法要素。20世纪以来,逐渐成为一种独立艺术形式的装置艺术可以清晰地反映这一点,而20世纪中后期至今越发重要的公共艺术也可以证明这一点。

其次,主体作为一个综合性的载体,不仅是社会文化的建设和批判性力量,有关它的建构和看法的变化,还是更大的社会矛盾和变迁的集中反映,这在围绕主体的观念史中表现得很充分。无论是在20世纪早期的精神分析中有关主体与文明之关系的研究,还是20世纪中期将主体置于空间、媒介和大众文化变迁下的讨论,或是20世纪晚期将主体纳入与技术(的建构)相关的后人类主义、后现象学和网络研究等,都呈现出以主体作为具体研究对象之于观念史和社会变迁表现的综合性特征。

最后,在本书关注的研究领域中,有关主体的看法,在过去一个世纪的诸多思潮中表现出最明显也最激烈的变化。在此之前的艺术、哲学或技术研究中,主导性的主体概念与文艺复兴至启蒙运动以降的现代主体密切相关。它们不仅在欧美核心区域构成了具有主导地位的现代性话语,也成为全世界许多地区不断效仿的规范性观念。

这种在现代进步意义上拥有自由意志、意向性,能够自律和负责,可以进行交流的独立之人的人本主义概念,在20世纪发生了剧烈的变化。这与其漫长的历史变革紧密相关,但剧变后的主体概念参与了正在生成中的社会进程,冲击着跟启蒙理念有关的个体自由、私人性(隐私性)、社会契约和所有权等概念——它们不仅是现代社会框架的基本构成要素,也是确立现代文化形式的基本条件。正是这些变化,在数字生态中重塑着文化新的形式、性质和效用。为了在这种综合的层面考察相关问题,本书的研究方法将采取后结构主义方法。这种方法既强调微观现象，也关注宏观结构的变化，并与20世纪中后期的生态学思维相符。

不过，本书并非严格意义上的社会学研究，后结构主义的方法更多借鉴自媒介研究，它的一个基本前提是技术提供的大规模环境在人们经验世界和自身的方式中，既塑造了广泛而又普遍的模式（patterns），又影响了他们如何按照自己的经验和看待世界的方式去行事。这种结构思维是一种范导性理念，具有反思意义，诚如在生态学中，诸部分与整体之间的关系是相互构成的，部分与部分之间也是流动变化或递归反馈的状态。所以，本书还借鉴了20世纪思想家贝特森的看法，反对诸多的二元论划分，这些划分虽然确立了诸多不同的边界，但没有固有的界限意味着系统就成为一种生态现象——系统始终是一个生态系统，其结构是由事物以及事物之间的关系构成的。但系统不是静态的连接结构，而是动态和过程性的。正是因为对过程模式的关注，我们才能根据动态的过程——而非参与者，来对过程进行比较和分类。在这个意义上，艺术、技术和社会的变迁被置于"走向"数字生态的过程之中，以显示它们在其中的不同作用。

0.4.1　走向数字生态的结构

为了在更具体的层面落实结构问题，本书还区分了两个关键的层面：其一是低层的伦理和价值诉求，它渗透了社会文化、技术革新和日常生活的方方面面；其二是高层的历史性社会变迁，它表现为一场蔓延至今的资本主义社会危机，也犹如达摩克利斯之剑高悬头顶。需要澄清的是，这里的"高/低"命名仅仅是以结构为比喻，并不涉价

```
        社会变迁与危机

艺术  →  主体  ←  数字化/技术

        伦理/价值诉求
```

图 3　走向数字生态的结构

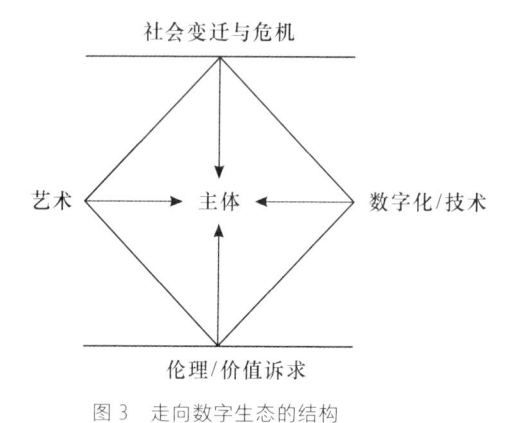

值判断，因此也完全可以将二者的位置调换（图 3）。

  更具体而言，这些低层的价值诉求成为过去一个世纪跟艺术和技术现实相关的、构成数字生态这一结构的内在动力，不断地为二者输入"能量"，为它们提供方法、丰富视角和创造概念。例如 20 世纪以来的大量思潮和思想流派：批判理论、女性主义、殖民/后殖民主义、批判性种族研究、后工业社会、酷儿－性别研究、行动者网络、后人类主义等。由这些概念、方法和视角构成的知识/话语形式至今仍然影响、构成甚至决定着过去半个多世纪以来的艺术叙事、文化形态和话语框架。与此同时，它们跟高层的历史性社会变迁以及隐藏的社会危机是相辅相成的状态。

0.5　本书的结构

  为了阐明当前数字生态的成因，本书将分为几个关键步骤。虽然书中的几章内容涉及走向数字生态的不同面向，具有一定程度的独立性，但也相互关联。

第一章"艺术与主体的批判性叙事"，通过对装置和公共艺术的学术考察，集中分析20世纪中后期以来的主体在艺术中的变迁，并反映出艺术自身的变迁。前者表现为主体不只是一种创作要素和方法，还是一种研究视角和方法；后者表现为艺术突破了规定艺术和作品之意义的原有结构，其意义更具开放性，即艺术与更广泛的环境相关联，呈现出艺术的环境化特征。在此过程中，主体成为艺术中的关键要素，逐渐突显其与传统的艺术要素同等重要的地位，并使得艺术趋向于一种批判性的叙事。其次，艺术的批判性叙事表现为20世纪中后期的艺术的诸多变迁，包括去物质化、观念性和社会－伦理转向等，也为其进一步的金融化、商品化和政治化奠定了基础。本章试图借助艺术与主体的批判性叙事，勾勒数字生态中的艺术（文化）形态。

第二章"主体与技术的审美化叙事"，将表明在一个相对宽泛的文化和审美层面，艺术与技术的结合，通过主体的自我表达赋予了技术新内涵。在信息通信技术的早期应用阶段，技术被认为具有自我叙事和个人解放的功能，能实现社会自由，并因此而逐渐审美化和文化化，最终为新的数字技术奠定了价值内涵，超越其单纯的工具用途。简言之，新的技术是自由和平等这类价值的技术或物质的等价物，并广泛地影响日常文化和日常生活。也可以说，主体在技术中的表达和表现赋予了数字技术新的价值，使其逐渐日常生活化，继而为技术后续发挥日益强大的数字生产作用奠定了基础。这从主体与文化的角度勾勒了数字生态中的技术形态。

第三章"生态转向：走向环境的艺术与主体"，将聚焦于20世纪中期艺术与技术紧密结合的历史语境。当时，技术的大规模运用改变了日常生活和大众文化，一些艺术家对此保持警惕，开始探索技术的潜在可能性，避免其导致灾难的后果——艺术家开始运用新的科学话语和技术媒介，改变了与现代主体相关的现代美学的基本旨趣：艺术创作偏离了形式主义美学，也突破了纯然的审美愉悦感；艺术家通过交流的语境，直接关切并介入更大的社会、时代和整体议题，使艺术的意义因技术的引入而进一步扩大范围。这与第一章的内容相互呼应。然而语境的扩大所代表的艺术和技术文化的生态转向，还暗含了有关存在模式的描述方式的转变。其中最典型的是有关主体之扩展的表述，即贝特森意义上的"心灵走向生态"。在美学和艺术层面，是阐释学主体与更大的语境相结合所构成的生态转向。艺术和主体与更大的结构和更多的要素相结合的生态转向，从艺术与技术相结合的思想史角度，勾勒了数字生态的环境形态。

第四章"扩展的主体：数字生态诸要素"，将聚焦于因环境形态的数字化和技术化而出现的主体形态，并由此阐明构成数字生态的几个关键要素，包括能动性、知识共享和集体行动等。这既涉及主体与环境的关系问题，也涉及合作的方法和伦理问题。它们构成了今日数字时代的行为和文化模式。然而，奠定它们的价值基础与艺术中的变化如出一辙。所以本章试图表明，数字生态是一个正在成形的社会事实，其中，意义的开放性从主体、艺术到技术领域都与更大的语境相互关联，而主体已不再是启蒙时期以来的现代主体概念。这勾勒了由艺术形态、技术形态和环境形态构成的数字生态的核心要素：一个包含了技术、艺术、文化和价值变迁，但仍在进行当中的社会过程。

第五章"现代主体的不满"，面对正在成形的数字生态，本章会将艺术和技术领域中的现象和变迁，与现代主体的基本规定和规范相关联，并将其置于 20 世纪中后期西方社会的政治、经济和文化转型的背景下，阐明它们之间的交织和呼应关系。本章还通过与社会转型相关的危机视角，表明艺术和技术领域中的主体变迁（以及相关的批判性维度）是对此类危机的反应，但也涉及更漫长的历史进程。最终通过现代主体这一综合性载体与危机叙事的交织，勾勒走向数字生态的另一意涵。即一方面，艺术和技术领域的变迁与社会其他领域处于一种结构性的关联中；而另一方面，社会危机视角并非为艺术和技术的变迁提供本体论的解释，更多是认识论层面的提示。因此走向数字生态还需要一种心灵或认识论维度的反思，这将展现在余论部分。

第一章　艺术与主体的批判性叙事

20世纪是距离我们当前最近的世纪，也是在艺术、思想和社会形态上变化极大和最频繁的时代，各种思潮你方唱罢我登场。在这个世纪的艺术中，媒介的拓展、议题的转换以及跨学科跨领域的实践，不断地更新艺术的表现形态，挑战并重建了关于艺术的阐释路径和话语框架。"二战"结束后，由于社会重建工作、意识形态上的"冷战"对抗，以及经济生产和消费方式的变化，艺术的变迁成为社会变革中最为显著的文化表现。在这种变化的过程中，主体逐渐成为艺术中的核心要素：既是作为艺术创作之方法，也是研究艺术之演变所不可或缺的部分。然而，主体达到如此重要性并非一蹴而就，而是经历了大战前后的漫长历程。这一点，明确表现在了后世艺术形式（诸如装置与公共艺术）的先驱——现代雕塑的变化中。

1.1　雕塑变迁中的主体与批判

有关雕塑在20世纪的演变的论述中，罗莎琳·克劳斯（Rosalind Krauss）将现代雕塑的变迁描绘成是通过感知维度走向公共的脉络，可谓以一己之力，确立了现代雕塑演变的一条经典线索，并推动了哲学（现象学）话语对于后世艺术（阐释）的关键作用。克劳斯在其经典的代表作《现代雕塑的变迁》中，将20世纪中后叶影响至今的雕塑

图 1.1 奥古斯特·罗丹，《地狱之门》，青铜雕塑，1880 年至 1917 年

形态，归结为是在逻辑上延续了至少发端于罗丹的现代雕塑的变革。其关键步骤，是罗丹将雕塑（图 1.1）的叙事从作品形构的内部，转向了与观者直接相关的外部表面。

克劳斯在进行对比分析时指出，新古典主义雕塑追求理性美与古典形式的完整性，其中包含了两个基本假设，一方面是时间语境，另一方面是浮雕的表现形式。在新古典主义雕塑中，创造雕塑是为了讲述事件，而描述故事的最清晰的表现形式则是叙事性浮雕。由于历史也被理解为是一种叙事，其中包含对重要事件的渲染，因而浮雕的意义是由叙事的内容所赋予的。换言之，雕塑的意义建立在历史性的事件和叙事的基础上。这种艺术意义不仅规定着艺术的创作方法，还影响了观看方式。就好比浮雕的叙事性和事件性意义要求观众能在正面看到所有的细节，雕塑的构图和对称的形式手法也因此而为叙事服务。但罗丹大胆地突破了这一点。

克劳斯认为，在对《地狱之门》顶部的处理中，罗丹将《三个幽灵》塑造成对同一人像的三次"再现"，由此打破新古典主义雕塑中的核心手法。一方面，罗丹对相同人物的重复，使得每个小场景都是自我指涉的，杜绝了所有进行连贯叙事的可能，人们也无法将之与外部事件相联系，进而瓦解了雕塑的意义指涉所需的时空独特性，也破坏了浮雕及其事件意义所对应的独特的时空结构。

克劳斯的洞见在于，她发现了传统叙事的基础特性与雕塑——特别是浮雕中的一致性。叙事的基础特性要求因果性，而因果性始终与时间相关。在浮雕中，这种与叙事对应的时间实际上是一种历史时间，也是事件性的，因而是不可重复的。正是"叙事－历史－事件"的不可重复性，赋予了雕塑不可重复性的意义和时空结构。简言之，事件和时间的独特性，以及事件之间的延续作为历史的独特性，是叙事逻辑的先决条件，也是雕塑意义的先决条件。然而罗丹简单地将同一人像重复三次，造成人像彼此独立却又完全相同，不再涉及原有的意义关系。

另一方面，除了叙事维度，罗丹对浮雕底座的处理也旨在扰乱叙事。罗丹将浮雕底座与其所承载的人像隔离开，使得人像无法在一个虚拟的空间里继续延展，观者也无法把《地狱之门》的底座看作是人像浮现而出的错觉背景。《地狱之门》由此清除了叙事得以可能的时空结构。

除此之外，不可忽视的另一点是罗丹摒弃了人像表面与纵深之间的沟通。按照先前的艺术原则，雕塑的结构需要对应于人体的解剖原理。

从古希腊以来，这种人体造像的艺术就因其逼真地描绘人体结构而呈现了某些经典瞬间，进而被赋予至高价值与意义。罗丹打破了原有的通过内部与外部的沟通来设想艺术和判断意义的路径的方式，观者无法用指涉姿势本身的人体解剖来解释甚至评判其价值和意义，也无法用已有的知识进行逻辑判断。换言之，规定和解释艺术意义的重点发生了转移：从作品构成的纵深乃至深层的内部（或是上部），转移到了表面和外部。这也是克劳斯提出的作为雕塑之现代变迁的关键逻辑：

> 识别雕塑体中这些构造对辨识该物体的含义是必要的，我必须透过表面构造读出姿势形成的解剖学依据，从而理解那个姿势的含义。罗丹摒弃的正是这种表面与人体纵深之间的沟通。[1]

克劳斯认为，现代雕塑变迁的关键，是具有透明性的内在构成转向了与感知和交流有关的相对外部的要素。也可以说，是表面作为媒介起到了最初的沟通作用，这也使得由艺术家个体设定的叙事边界，拓展到了由接受者或观者介入其中的交流阐释的过程。这意味着自浪漫主义以来，逐渐占据主导地位的由艺术家设定的具有个人旨趣的主体叙事的边界已经被进一步拓展。尽管克劳斯将现代雕塑的变迁追溯至罗丹时代，但激烈且频繁的后续变革却出现在"战后"的欧美艺术界，这也确立了后文有关于此的讨论范围。

首先，以雕塑为核心的艺术实践，虽然仍然强调技法，但观念的

---

[1] 罗莎琳·克劳斯：《现代雕塑的变迁》，柯乔、吴彦译，中国民族摄影艺术出版社，2017，第28页。

重要性已经逐渐突显出来，为艺术的观念化阐释奠定了基础。其次，艺术作品与市场性日益增强的艺术系统，在繁荣"艺术"的同时，部分艺术家开始反思艺术系统本身的"强制"框架，艺术作品也开始产生针对自身系统弊病的批判性趋势。这再次证明，由于形态和功能的转变，艺术的构成性要素和规定意义的框架也发生相应的变化。例如——借用克劳斯的另一个著名论断，雕塑从表面蔓延到了"扩展场域的雕塑"[1]。在此过程中，主体也通过行为表演、空间扩展、媒介更新等手段而被纳入其中。最终，这些变迁集中表现并落实为艺术及其意义的环境化。

在这条变迁的脉络中，还有许多散落的艺术片段和其他相关论述。但战后的变革不仅事关技术的变迁，还与后文将要论及的社会转型相关。因此，此处接续于克劳斯的论述逻辑后，将直接转向战后的变革。其中，极简主义雕塑（后简称极简雕塑）是一个关键转折点。它在一个十字路口，激发了在当代西方的装置和公共艺术研究中以主体为关键要素的阐释路径，而这又与雕塑的现代变迁中已有的意义变革和环境化直接相关。

1.1.1　转折点上的极简雕塑

20世纪60年代，"战后"的艺术界风起云涌，被"二战"打断的先锋派艺术却出现了回潮之势。当时，在美国占主导地位的抽象表

---

[1] 罗莎琳·克劳斯：《前卫的原创性及其他现代主义神话》，周文姬、路珏译，江苏凤凰美术出版社，2015，第224页。

现主义成为新艺术运动的攻击目标。当然，占理论主导地位的格林伯格式现代主义也遭受池鱼之殃，而极简主义却在此背景下脱颖而出：被后世归为极简主义艺术家的贾德（Donald Judd），在创作中以工业制成品应对产业转型中的金融资本主义的崛起；莫里斯（Robert Morris）则从艺术经验和感知的角度，质疑格林伯格式现代主义的绝对地位；与之同道或受其影响的艺术创作，以去物质化的方式批判资本主义、交换价值系统和艺术体制对艺术的全方位侵蚀。在理论界，追随格林伯格式现代主义的弗雷德（Michael Fired），在很大程度上正是因为看到极简主义所预示的艺术方向，才从艺术批评转向艺术史研究。而对极简主义的评价，则影响了克劳斯关于20世纪艺术的论述。后面两位理论家不仅定义了极简主义，更成为此后的艺术批评的不可回避者。

极简主义激发了此后艺术家的艺术实践，尤其是极简主义中的"交互性"，不仅反映了当时的艺术思潮——吸收表演艺术的影响，更启发了大地艺术、观念艺术和装置艺术等艺术种类，最终从艺术经验的角度，为当代艺术中的"环境性"奠定了基础。在过去几十年的历史评价中，极简主义是一个转折点这一点已经取得了很大的共识。但评论者也认为，极简主义不仅被视为是延续和变革了历史先锋派的艺术逻辑，而且被视为开启了后现代主义艺术的艺术逻辑，并被批评为对艺术的市场化推波助澜[1]。然而，事情果真如此吗？

根据丹托（Arthur C. Danto）对后现代艺术转向的论述，后现代

---

[1] 可以参见本雅明·布赫洛所著《极简主义的关键》，本雅明·布赫洛：《新前卫与文化工业》，何卫华、史岩林译，江苏凤凰美术出版社，2014。

艺术是现代主义艺术到达自身逻辑边界的结果。此后,基于某种界定的艺术就很难取得新的发展,所以后现代艺术是空洞的艺术,也是市场力量的产物。这奠定了20世纪艺术讨论中的"艺术终结论"和对后现代艺术的论述。丹托论证的起点是摄影技术的发明所引发的艺术危机,因为倘若摄影可以更真实地再现现实,那传统艺术尤其是绘画对于真实的再现还有什么竞争力呢?当摄影术引发普遍的焦虑后,传统艺术便开始寻求能将自己与摄影相区分的方式。于是,很多人开始追求某种纯粹的艺术形式。简言之,为了回应摄影术的模仿和再现能力,现代主义艺术不断通过一种内在逻辑来探索艺术的真正本质,这导致从19世纪末到20世纪不断出现关于艺术之本质的运动和争论。

对于丹托而言,这些争论一直持续到波普艺术(Pop Art)的出现。而当这种探索走到尽头时,现代主义也走到了尽头,艺术亦然。所以他认为,此后的艺术必然会迈向后现代主义,变得空洞和市场化[1]。与此相关的正是前文提及的极简雕塑的历史定位问题。在这种逻辑背景下,过去几十年有关极简主义的主要评价是将其定位成由现代主义转向后现代主义的关键。罗莎琳·克劳斯和哈尔·福斯特(Hal Foster)是其中的两位核心人物。在克劳斯看来,极简雕塑的兴起意味着现代主义雕塑的消亡。而在福斯特看来,极简主义脱离了晚期现代主义,为后现代艺术做好了准备[2]。从社会经济角度看,克劳斯和福斯特关于

---

[1] 相关论证见 Arthur C. Danto, *The State of the Art* (New York: Prentice Hall Press, 1987), pp.202-220; "The End of Art: A Philosophical Defense," *History and Theory* 37, no.4 (Dec. 1998): 127-143。
[2] 哈尔·福斯特:《实在的回归》,杨娟娟译,江苏凤凰美术出版社,2015,第65页。

极简主义艺术的评价有一个共同点[1]，他们都认为，极简主义抗拒发展资本主义的景观和脱离现实主体的同时，却又悖论式地推进了它们[2]。实际上，他们的评价都跟弗雷德对极简主义的批判有关。

弗雷德认为，极简主义把艺术和艺术作品还原为物和物性，并掀起了剧场性的趋势。上述看法中，认为极简主义与资本主义之间具有暧昧关系的立场，正是延续了弗雷德的逻辑。如果我们将这一评价拉回丹托的后现代转向语境，那么由极简主义掀起的弗雷德口中的物性和剧场性，对于艺术的空洞化和市场化便难辞其咎。然而，如果我们从极简雕塑家莫里斯的创作和文本中的"交互性"入手，则会发现极简主义艺术背后不仅有深刻的反思和内涵，而且还扩展了诸如康定斯基（Wassily Kandinsky）和塔特林（Vladimir Tatlin）等历史先锋派的艺术观。尤其是由莫里斯扩展的交互性从感知艺术和艺术经验的角度，奠定了诸如公共艺术和装置艺术的艺术形式和美学基础，甚至开启了导论中所谓的"环境性（化）"的先声。

从当代的艺术形态来看，近20年来，装置艺术作为一种艺术形式逐渐步入了当代艺术的主流舞台，甚至在展览现场有"无装置不当代"之说。装置艺术延续了始自杜尚的现成品艺术，并更进一步强调观众进入展览现场、参与其中并跟多种媒介交互的活动。倘若跟随丹托的看法，认为摄影术引发了现代艺术的危机，那么我们可以说，装

---

1 囊括了莫里斯的《雕塑笔记》的文本包括但不限于：Michael Fried, *Art and Objecthood*, (Chicago: The University of Chicago Press, 1998); Rosalind Krauss, "Sense and Sensibility: Reflections on Post 60s Sculpture," *Artforum* 12, no.3 (Nov.1973): 49-50。
2 福斯特：《实在的回归》，第74页；Rosalind Krauss, "The Cultural Logic of the Late Capitalist Museum", *October*, no.54 (1990): 3-17。

置艺术在一定程度上回应了这种"危机"：因为装置艺术所强调的步入现场和参与其中，实际上是指欣赏和感受装置艺术作品时的第一手经验——换言之，照片和图像不可能再现装置作品的艺术经验和现场体验感。很显然，就算照片详实记录了装置作品的整体结构和细节，也不可能再现观者步入现场之后产生的触觉、听觉、空间感等感觉。而这一系列变迁与主体密切相关，或许可以说，装置艺术扩展和更新了传统现代主义中主要基于视知觉的艺术经验，并确立了主体要素在艺术作品中的关键地位。

然而从艺术史看，我们可以说装置艺术引发的新状况，实则延续了极简主义开启的交互性，而极简主义则扩展了现代主义——主要是历史先锋派的交互性。那么，某些后现代艺术形式实则非但没有与之决裂，甚至还对现代主义进行了迭代。那么艺术的终结又从何说起呢？由此可见，前述极简主义和后现代转向的论述指出了极简主义艺术是20世纪中后期艺术转向的关键，是无法令人信服的。因此，重新思考极简主义艺术的交互性特征既涉及有关艺术论证的公案，又跟艺术在当代的变迁相关。后文将以莫里斯和他的《雕塑笔记》为切入点，呈现相关情况。

1.1.2　理论战场上的艺术家：莫里斯与《雕塑笔记》

20世纪60年代的欧美艺术界出现了一个有趣现象，许多艺术家

图 1.2　罗伯特·莫里斯（1931 年—2018 年）

亲自披挂上阵，充当理论旗手为自己的创作撰文[1]，莫里斯（图 1.2）便是其中的一位。典型如他从 1966 年开始发表的如今读来仍稍显艰深的《雕塑笔记》（*Notes on Sculpture*）。我们可以说《雕塑笔记》是莫里斯深入理论战场的产物。它被归纳为两大块，分别是"内部夺权"和"御敌论战"。

在极简主义艺术出现时，客气的人称之为"几何作品"或"几何艺术"，不客气的则否认它们是艺术作品。虽然极简主义艺术也有一定的历史传承，但没有相应的理论为其辩护，所以众多极简主义艺术家开始给极简主义定位。1965 年，贾德写了《特定物》（*Specific Objects*）来界定极简作品，他也被视为极简主义的代言人。莫里斯写《雕塑笔记》的一个重要动机是他认为自己有别于贾德。贾德明确提出，

---

[1] 关于这一现象可见 Leanne Carroll, "Artist-Writers: From Abstract-Expressionist Hostility to 1960s Canonicity," *Canadian Art Review* 38, no.1 (2013): 45-54。

他称为"特定物"的作品既非绘画亦非雕塑[1];莫里斯认为,自己创作的作品属于雕塑——这在很大程度上把新作品的讨论方向引向了雕塑。而当时关于雕塑的讨论又在相当程度上受制于"敌方阵营"的理论论述,也就是彼时占艺术论述之主流的格林伯格式现代主义。不过,莫里斯并非为了反格林伯格,他的"御敌论战"更不是为了跟人吵架,而是源自他自己的研究。

当时,莫里斯在亨特学院(Hunter College)研究雕塑家布朗库西(Constantin Brancusi)的作品。他发现如果以传统艺术史的叙事,尤其是线性历史叙事,很难解释布朗库西的发展轨迹。传统叙事常常假定一个时期或一个艺术家会对其他时期和艺术家产生影响,但这种叙事形式不适用于布朗库西。为了解决这个问题,莫里斯从法国艺术史家福西永(Henri Focillon)的学生——库布勒(George Kubler)的《时间的形状》(*The Shape of Time*)中获得启发,用风格转变的模式,即以形式分类(form-class)的方式来研究布朗库西。但他也有所改进,比如将关注点从重复形状的形式分类转变为涉及物质和共存的境况研究;也就是在研究艺术作品时,不仅要囊括物质维度,还包括雕塑与底座、底座与空间之间的关系。这大大拓展了雕塑的研究和创作范围。[2]

然而,支持当时新近雕塑的格林伯格却不这么想。他认为现代主义绘画之所以为现代主义,是因为它们确立了绘画这种媒介的自我确

---

[1] Donald Judd, *Complete Writings 1959-1975* (Halifax: The Press of the Nova Scotia College of Art and Design, 1975), p.181.
[2] 莫里斯的写作动机可见 James Meyer, *Minimalism: Art and Polemics in the Sixties* (New Haven and London: Yale University Press, 2004), p.154。

证和批判性。他用同样的逻辑讨论雕塑，如他在《新近雕塑》（*The New Sculpture*）中对大卫·史密斯（David Smith）的作品大加赞赏，并以其艺术作品来论证现代雕塑的一个本质特性是绘画中的"视觉性"这个观点。这种说法的核心观点是绘画和雕塑都要以其视觉范围内的媒介特性来突显自身的本质，也就是确立它们的自主性。

弗雷德推进了格林伯格关于艺术自主性的想法，也掀起了对极简主义艺术的历史性批判，所以就格林伯格式现代主义与极简主义艺术的争论来说，弗雷德身处核心位置。格林伯格想维护艺术，尤其是维护先锋艺术的自主性。弗雷德认为极简主义诉诸观众恰好意味着它与现代主义和艺术自主的决裂。他在格林伯格的艺术自主框架下，以卡罗（Anthony Caro）的雕塑为例，提出卡罗的作品有一种所谓的句法结构——它们以艺术制作和艺术自身的要素来表现艺术，其中包括色彩要素。他认为，卡罗的雕塑受到马蒂斯（Henri Matisse）、波洛克（Jackson Pollock）、纽曼（Barnett Newman）和罗斯科（Marks Rothko）等艺术家绘画作品中色彩要素的启发。这一类艺术要素或艺术加工，使得雕塑和绘画超越其实际或表面（literal）所是的样子，避免了像极简主义雕塑那样仅仅沦为表面和物的状态。

弗雷德所捍卫的格林伯格式的现代主义意味着无论是画布还是支架，都要被视为是神圣和可敬的。或者说，为了突显和保障艺术的地位，艺术家必须克服画布是物质体的表面或实际状况[1]，否则，艺术便沦为了日常物件，艺术的"神圣经验"也就成了日常经验，艺术的时

---

[1] 迈克尔·弗雷德：《艺术与物性：论文与评论集》，张晓剑、沈语冰译，江苏美术出版社，2013，第 103 页。

空结构则成为日常生活的时空结构。弗雷德认为极简主义的"物"将观众置于其中,继而通过"拟人化"令主体与观众之间呈现不确定的和开放的关系。可以说,弗雷德的批评就在于极简主义艺术的这种做法将自己与环境融为一体,甚至于打破了"人"与"自然"的分野——这种分野恰恰确立了现代艺术的美学规范。

我们总能在有关后现代转向的论述中看到格林伯格式现代主义的影子。格林伯格以艺术的自我批判来确立艺术的自主性,弗雷德在对极简主义的物性和剧场性批判中,捍卫、继承并推进了现代主义的艺术自主性和感性。即便丹托认为是由于现代艺术达到了自身逻辑的边界,所以才有了转向市场的后现代艺术,但我们仍然可以将现代主义抵达其逻辑边界以及市场开始主宰艺术这一转变,看作是格林伯格式的艺术自主遭到破坏。而福斯特接续这种逻辑,并用比格尔(Peter Burger)的说法指出从现代主义转向后现代意味着艺术的规范性考量转变为功能性分析[1]。

所谓规范性考量的逻辑基础,实质上还是格林伯格式自主性艺术的本质。基于这一转换模式,福斯特在此后评述极简主义艺术时,将角度转向了政治和经济维度。就此而言,后来的许多艺术家和艺术作品确实扩大了反思和批判的范围,比如从批判艺术界和画廊系统,扩大到政治和经济结构问题,也越来越背离格林伯格式的现代主义和艺术自主性。但仅仅是用这种"扩大化"来理解,会忽略莫里斯在相对纯粹的艺术史中的价值。因此,有必要回到莫里斯和他的文本来理解他在艺术转折点上的地位和贡献。

---

[1] 福斯特:《实在的回归》,第172页。

1.1.3 《雕塑笔记》中的"交互性"与真实主体

格林伯格式现代主义维护艺术的自主性，莫里斯却看到了其策略中的矛盾：既想论证每种媒介的完整性，又想推崇雕塑中暗含的源自绘画的视觉性特征——而以绘画的视觉性介入雕塑实际上违背了雕塑的自主性。于是，莫里斯在《雕塑笔记》中探索雕塑的自主性，其核心主张是把雕塑跟绘画区分开。他甚至提出，雕塑关心的东西有时候与绘画所关心的相对立[1]。

首先，莫里斯在以视觉性为特征的现代主义绘画谱系外，提出雕塑的触觉性特征；其次，他着手批判与绘画密切相关的色彩要素。就前者而言，这位艺术家以构成主义艺术作品和塔特林等人的作品为例，主张表现雕塑的触觉性和三维性。塔特林不去再现客观对象，而是以抽象的形式将具体的金属片、铁丝和竹片等材料放置在真实的空间中，这挑战了雕塑中的象形（figurative）特征，所以莫里斯称塔特林是把雕塑从表象（presentation）中解放出来的第一人。此外，塔特林还在雕塑中使用了工业品和消费品。莫里斯从中看到了两点：其一，真实对象所带来的触觉性特征，不同于绘画的视觉性特征；其二，塔特林的反表象和非象形的结构方式意味着与图像主义（pictorialism）的决裂，这同样可以突显雕塑不同于绘画的特征。

第二个步骤涉及色彩——色彩要素被应用于雕塑后备受赞赏，但莫里斯认为，将色彩这一视觉性特征引入雕塑不仅违背了雕塑的自主

---

[1] Robert Morris, "Notes on Sculpture Part I," in *Minimal Art: A Critical Anthology*; ed. Gregory Battcock (New York: E.P. Dutton), p.223.

性，而且不符合更复杂的知觉事实。这一知觉事实埋下了关注真实或本真性主体的引线，也使得莫里斯开始将雕塑引向艺术中的"交互性"。如前所述，弗雷德赞赏卡罗的雕塑受绘画和色彩影响，但在莫里斯看来，色彩这种直接影响视觉感受的要素不仅是视觉性的，而且是"最"视觉性的。在雕塑中运用色彩，很大程度上是将雕塑局限于视觉范围，但雕塑还有物理性质，如三维性和触觉性。从莫里斯的论述策略来看，他不认为艺术经验，甚至于人在世界中的活动只涉及视知觉。为此，他采取了迂回战术，以蒙德里安为例来表明仅仅涉及视知觉并不符合我们的知觉事实。

蒙德里安以色彩与色彩（如他惯用的三种颜色）、要素与要素（比如线条）、形式与形式之间的排列组合来触发艺术经验。但莫里斯认为，这众多形式之间的排列组合不管如何转换，也不管每一种转换将会触发多少不同的感觉，它们也只是引发了视觉范围内的变换。这就意味着，即便蒙德里安用各种艺术内在要素之间的转换触发了艺术经验的变化，也只是单一的视知觉变化。莫里斯对此分析道："单一的纯感觉无法传播，准确地说，是因为一个人会同时感知到不止一种性质，而它乃是任何既有状况中的一部分：如果感知到了颜色，那么也会感知到尺寸；如果感知到平面（flatness），那么就会有质地，等等。"[1]

就此而言，人们在经验艺术时不仅涉及色彩带来的不同感觉之间的关系，还有尺寸感和质地感等感觉之间的相互关系。所以蒙德里安的看法既不符合知觉事实，也不符合作品在事实上的属性——即艺术作品不仅具有视觉属性，即便是绘画也不只涉及视知觉。说艺术不只

---

[1] Morris, "Notes on Sculpture Part I," in *Minimal Art*, p.225.

是涉及视知觉，旨在表达任何将艺术经验与单一属性（如单一知觉等）画等号的做法都过于简单，乃至忽略了艺术经验和人类知觉的复杂性。换言之，这是用分离诸部分的方式来简化整体。

格林伯格式现代主义就是以视觉特性来简化艺术经验中的复杂知觉，莫里斯则反其道而行之，以整体来突显艺术经验的复杂性。为此，他借用了"格式塔"理论，因为格式塔在形式上更为简单。这种简单性和整体性比各部分、各要素之间的不同关系更能直接地激发观者的复杂知觉。

对比来看，尽管蒙德里安用各种形式或色彩要素之间的排列以触发复杂关系，并影响观者的艺术经验，但它们终究存在于视觉范围内。莫里斯将雕塑视为整体，将细节和部分简化，反而突显了雕塑的整体和形式，也突显了雕塑与空间、光线、视域和视角等元素之间的关系。可以说，莫里斯借用雕塑的形式整体和简单性，将艺术作品的内在关系扩展到与主体和环境产生关系。当这种关系不再是观者与作品之间一对一的视觉关系时，也就转变了观者与艺术作品之内在要素间的私密性（intimacy）关系。

莫里斯之所以称这种关系为私人性关系，是因为它是"内在的"且附着于艺术作品上的："当物体的大小（size）相对于自身缩小时，亲密属性就会以相当直接的比例附着在物体上。当物体的大小相对于自身而言增大时，它的公共性（publicness）也随之增大"[1] 从感知艺术和艺术经验的角度看，莫里斯改变了雕塑与环境的关系，也改变了

---

1 Robert Morris, "Notes on Sculpture Part II," in *Minimal Art: A Critical Anthology*; ed. Gregory Battcock (New York: E.P. Dutton), p.230.

图 1.3　罗伯特·莫里斯，《无题（镜面立方体）》，1965 年

艺术在现代主义谱系中纯然视觉性的维度（图 1.3）。当弗雷德批判极简主义时，正是批判这种与观者身体的关系所引发的剧场化，其核心依据是在表面或实在式的事实性在场（presence），与现代主义的先验式在场性（presentness）之间做出区分。

可以说，弗雷德提出的是一种规范性认识——艺术的物性，即艺术的物质性构成、材料等事实性要素应当是在场性的。观者知道艺术作品中的材料如丙烯或者大理石等，但它们不应该抢镜，更不该成为观看的核心——以貌似在场来实现在场性，触发联想、想象和创造性的经验。但如果它们实实在在地在场，那么艺术——回到前文的说法——就沦为了日常物，沦为丙烯或大理石本身。更进一步，从莫里斯的角度来看，现代主义之所以会简化知觉事实和艺术经验，还关乎艺术背后的"时间"问题——不仅是艺术经验中的时间,也是前述莫里斯在运用艺术史做研究时所遇到的时间障碍问题。

另一位同时期的艺术家史密森在《艺术与物性》发表几个月后给《艺术论坛》的撰稿中就曾指出,弗雷德以"最狂热的清教徒的方式,为艺术界提供了一个久违的奇观:一种文艺复兴古典主义(现代性)与风格主义反古典主义(Manneristic anti-classicism)(剧场)之战的现成模仿","这个无时间性的世界威胁着弗雷德当下的时间优雅状态——他的'在场性'……他是一个攻击自然时间的自然主义者"。[1] 弗雷德在《艺术与物性》的开篇就强调现代主义的时间性,即一种有始有终的时间经验,而极简主义则主张一种不断或持续更新的时间。这意味着两点:时间的完整性实质上是指它的意义是已然完成的,或者说,作品的意义和定位在观者观看和经验之前就已然决定好了,即观者是纯然的接受者;完整的时间意味着时间与时间之间是接续的,那么就历史而言,时间乃是线性的。这正是莫里斯在研究布朗库西的作品时遇到的障碍,所以莫里斯必然反对基于现代主义时间性之上的意义决定论和历史叙事。

当莫里斯以格式塔、简单形式和复杂视觉来解释极简雕塑时,正好回应了现代主义的时间性概念:首先,感知对象和感知主体之间是一种互动关系,所以欣赏作品的时间性包含在对象和观者二者的联动中;其次,一个格式塔(完整形式)是一个结构,它的统一或整体源自部分的加总,所以部分和整体在被感知时是同时出现的。换言之,艺术作品的价值和意义是在被经验之时发生的,而非先于观者就已然确定

---

[1] Robert Smithson, "Letter to the editor," *Artforum* 6, no.2 (Jun. 1967): 4.

好了的。这明显表现出反对弗雷德所区分出的先验式在场性，也是反对格林伯格的那种预先确立的意义。艺术作品的意义不是由艺术家在观者欣赏和接受之前就预先确定好的；相反，艺术作品与观者的关系，是在持续和实际的交互中产生的。换言之，世界与我们是在交互中发生关系的。

那种预先确立意义的基础源自笛卡尔的现代主义意识，也是将世界与心灵二分后，经由沉思和反思去寻求确定性的表现。批判笛卡尔的现代主义意识这点在莫里斯后来的文本中表露无遗[1]，而强调知觉主体与客体的交互关系，可以被视为是破除了笛卡尔式的意识，破除了在格林伯格式的现代主义中对每一个瞬间、形式和意义都是已然完成了的，以及艺术对象（objects）是惰性、封闭且固定的认知。

与此不同的是，这些新的脉络表现出重新提升对象的"能动性"，乃至重新审视了环境以及原本专属于人的"能动性"，并且在新近的研究中逐渐突显其重要性。例如人类学家阿尔弗雷德·盖尔（Alfred Gell）曾在其代表作品《艺术与能动性》（*Art and Agency*）中指出："艺术对象等同于人，或者更确切地说，等同于社会能动者（social agents）……艺术对象的特点是'困难'。它们难以制作、难以思考、难以交易。它们能让观众着迷、被蛊惑、被诱惑，同时也让观众感到愉悦。"[2] 这意味着艺术对象不是被动伫立的静态物，而是具有某种能

---

1 Robert Morris, *Continuous Project Altered Daily: The Writing of Robert Morris* (Cambridge: The MIT Press, 1993), p.158；关于极简主义与主体性等相关问题可参看：Susan Best, "Minimalism, Subjectivity, and Aesthetics: Rethinking the Anti-aesthetic Tradition in Late-modern Art," in *Journal of Visual Art Practice* 5 (2006): 127-142。

2 Alfred Gell, *Art and Agency: An Anthropological Theory* (New York: Oxford University Press, 1998), p.7.

动性。换言之，艺术对象和其他非人要素也具有能动性，进而也突破了现代哲学（如笛卡尔和康德）传统中的能动性范畴。这在技术环境（详见第四章）和近些年的人文研究中被不断推进。

不过，彼时的莫里斯并非从此角度加以扩展，而是从他对艺术和审美经验本身的考察出发的。但也确实意味着艺术史自身蕴藏着一条更早的潜在脉络，它与本书关注的社会现实和技术现实交织发展。在这里，莫里斯关心的是雕塑或艺术本身的"交互性"。交互性意味着艺术作品没有内在的客观实在，它是在审美经验之中建构而成的——所以艺术作品的意义也非预先设定好的，而是居于动态建构之中的，观者不能脱离历史环境而得到理解。这不仅表明了审美经验的历史定位，还表明审美经验本身具有历史可变性。更重要的是，如果说笛卡尔主义认为意识主体以外在于物的形式去把握、沉思和发现一种已然完成的艺术或世界的存在和意义，那么莫里斯则强调感知主体并非外在于物或世界，而是与之共存的，并以实践的方式去建构、践行和发明创造艺术或世界的存在和意义。

莫里斯强调的这种交互性绝非空穴来风，而是艺术史逻辑演进的结果。在福斯特的评价中，极简主义艺术与先锋艺术对艺术体制的理解是一致的，只不过，先锋艺术用独立的艺术体制来维护艺术的自主性，而极简主义则批判乃至解构这种体制。但从交互性来看，莫里斯对历史先锋派的继承除了涉及塔特林外，还反映和扩展了康定斯基关于交互性的看法。

简单来说，莫里斯至少从三个方面与康定斯基在交互性问题上不谋而合：第一，康定斯基在《论艺术的精神》中倡导交互性，他认为视觉不仅应该与味觉有联系,还应该与其他所有的感觉器官有联系[1],用莫里斯的话来说,这才符合"知觉事实"。第二,康定斯基强调色彩的知觉影响,并指出色彩会对视知觉以外的其他知觉产生影响,对个体以及人的全部肉体产生作用。康定斯基甚至根据色彩的超视知觉潜力得出,艺术创作与人之精神相交互乃是一个内在必需原则[2]。第三,从形式关系来看,康定斯基提出了莫里斯借用格式塔后的看法。康定斯基认为,艺术的结构在形式关系方面有两个任务:一是将所有的画面结构化;二是创作彼此不同的单个形式,但它们又服从于整体结构[3]。

就像莫里斯以形式的简单性来解决知觉的复杂性,康定斯基认为,任何视觉上的多样性,都是由于整体与诸部分之间的一种相互性而表现出来的,这是任何感性显现的一种基本结构原则。用当代哲学家保罗·克劳瑟(Paul Crowther)的话说:"康定斯基的作品因此关注了一种交互关系,它对于任何可能的视觉经验来说都是基础的。所有图像表象都是以一种日常现象形式所不会运用的方式来表达这种关系。"[4]

由此可见,罗伯特·莫里斯突破了视知觉范围内的交互性,将诸多知觉和关系的产生带出并使之完成于艺术客体之外。根据这一逻辑,我们可以更好理解极简主义之后的艺术作品与环境、展示场域、城市等空间和公共转向的演变历程。而从艺术创作的范式转换来看,当交

---

[1] 瓦西里·康定斯基:《论艺术的精神》,查立译,中国社会科学出版社,1987,第33—34页。
[2] 同上书,第35页。
[3] 同上书,第40页。
[4] Paul Crowther, *The Language of Twentieth-Century Art: A Conceptual History* (New Haven and London: Yale University Press, 1997), p.31.

互性不再局限于视知觉内部（或视觉与人之精神的潜在交互），而是经身体、位置，其他知觉和环境空间进行交互作用后，新的艺术形式（特别是装置艺术）才因主体要素的介入而获得了一种艺术经验和艺术史角度的合法性，所以莫里斯的理论和极简主义的出现在此具有艺术史的转折意义：一方面，极简主义艺术所开辟的创作方式，通过交互性提高了主体要素的重要性；另一方面，主体问题——尤其是以真实主体或主体的本真性作为艺术的潜在观念和价值维度，成为艺术发挥批判功能的关键，这表现为后续的艺术家不断地将主体、主体与社会以及更大语境的关系问题置于艺术创作的重要位置。下一节，本文将继续分析由极简主义所突显的主体要素如何在 20 世纪的装置与公共艺术中显露其重要性。

1.1.4 从极简雕塑走向装置艺术

如前所述，战后以来，欧美社会的艺术出现了新的意识与表现形式。与此同时，艺术研究也突破了传统的分析框架，包括扩展到与之相关的物质世界、关系语境，改变了其组织方式、意识形态与价值规范等。在 20 世纪六七十年代的雕塑研究中，莫里斯曾借助库布勒的研究，强调艺术作品的物质构成和非线性演变。而关注社会议题和技术状况的艺术家（如罗伯特·史密森）还引入了新的跨学科话语，如控制论、系统论和信息论等。除此之外，克劳斯和莫里斯等人还通过现象学的哲学话语和视角，突显了感知觉以及主体与环境的关系在艺术研究中的重要性。可以说，以极简雕塑为切片，此后的艺术在两方面表现出其与主体问题紧密相关的趋势。

一方面，艺术的创作（特别是雕塑）将主体要素纳入其中，包括感知觉、经验的流动性和及时性、观看的视角性、阐释的差异性等。这使得艺术家不仅重视艺术家个体的主体要素，还关注作品体验过程中的主体要素；另一方面，在对艺术的研究中，主体要素也成为一个关键性的视角乃至研究方法。就此而言，主体在此过程中逐渐突显了其作为艺术方法的意涵。

以主体作为一种方法不仅回应了相关的艺术演变，而且表明无论是艺术家还是作品，都不再是自足的——不仅"外围"的空间和客观存在的媒介、材料和条件对于作品具有构成性关系，而且观众及其亲身经验，也被视为作品的必要部分。主体要素被视为在不同的艺术中构成并完善了作品。诚如前述，莫里斯在极简雕塑的创作和阐释中引入了主体维度，这在后世的创作和研究中不断回响，甚至被艺术史学者用来确立"装置"作为一种艺术形式的合法性，典型的如英国学者克莱尔·毕肖普，她在2005年出版的《装置艺术：一部批评史》（*Installation Art: A Critical History*）被认为提供了关于装置艺术的研究框架与方法。多年以后，毕肖普的另一本著作《人造地狱：参与式艺术与观看者政治学》（*Artificial Hells: Participatory Art and the Politics of Spectatorship*）也成为过去15年关于参与式艺术研究的高引文本，毕肖普扩充了自己在装置艺术研究中强调的主体维度，并将之进一步与当代实践中的政治性维度结合。不过，毕肖普的一些基本旨趣已显露于前作当中。

毕肖普对装置艺术的研究最为显著也最大的贡献，是她以主体作为方法来勾勒装置艺术在过去100年的变迁史，并由此确立"装置"作为一种艺术形式的合法性。毕肖普提出，不同于传统的艺术媒介，装置艺术更多关注接受主体（观者）。在相对传统的艺术——如雕塑、绘画或摄影中，主体维度更多表现为作为创作主体的个体艺术家。其次，即便这些艺术也关注接受维度，却更多集中在观者的视觉经验上——这种"关注"总是由艺术家率先完成作品，再交由观者接受。但装置艺术接受主体逐渐成为作品的一个构成要素，甚至必须有观者的参与，一件作品才得以完成——这突显了罗伯特·莫里斯等人在20世纪中期的贡献。最终，毕肖普提出，鉴于装置艺术所涉及的主体维度较为广泛，因此，针对此种艺术形式的考察方法也应有所不同：不是关注主题或材料，而是观众的经验[1]。为此，毕肖普结合装置艺术已被普遍接受的演进史，提炼出过去百年体现在装置艺术中的四种主体模型：围绕心理学或精神分析展开的主体模型、现象学的主体模型、后结构主义（拉康式精神分析）的主体模型以及政治性的主体模型。其中，第二种现象学的主体模型正是对极简雕塑的阐释。

所谓的现象学主体模型，是指在20世纪60年代明确受现象学哲学影响的艺术理论与批评，并因高度关注身体感知而被理论化的装置作品。现象学的主体彰显了实践与研究的两重方法意义：在实践上，如罗伯特·莫里斯等雕塑家明确应用了现象学家梅洛－庞蒂（Maurice Merleau-Ponty）的哲学资源来创作并阐释作品。相关作品的核心特征包括：第一，高度关注身体感知——不只是视觉，而是整个身体的感知；第二，强调作品与观者之间的依存关系——作品不是由一个创作主体优先完成，然后与之无关的自律对象，而是与另一种观看主体相互依存，

---

[1] Claire Bishop, *Installation Art: A Critical History* (London: Tate Publishing, 2005), p.8.（中译本见克莱尔·毕肖普：《装置艺术：一部批评史》，张钟萄译，中国美术学院出版社，2022。）

进而产生的一种去中心化的新主体模型。

如前所述,极简主义艺术家与罗莎琳·克劳斯等人的艺术阐释为此奠定了基本框架。此后,接续极简主义艺术的创作路径并引入光媒介的艺术家,通过非物质化的环境空间继续呈现现象学的主体模型,同时响应解放主体的诉求。以美国艺术家罗伯特·欧文(Robert Irwin)为例,毕肖普指出:"欧文将装置艺术视为一种'解放'观众感性经验的方式,并允许观看行为本身被感知。"[1]值得注意的是,身体感知的直接参与,仍然跟欧洲和美国的主导性意识形态相关(如殖民主义、父权或经济等方面),而"单点透视"则被视为是这种意识形态的主要艺术表现。相应的意识形态语境同样表现在受到现象学影响的巴西艺术中,并扩充至社会政治维度。

不过,这类主体模型在实践中仍然展现了毕肖普所谓的第一种主体模型,即心理学模型的基本诉求,也可以说是普遍性的主体诉求:"装置艺术揭示了人在这个世界上意味着什么的'真实'本质——这与我们对绘画、电影或电视的经验所产生的'虚假'和虚幻的主体地位相对立。"对此,毕肖普将现象学的模型回溯到20世纪早期的艺术实践,以早期的先锋派艺术家利希茨基(EI Lissitzky)提出的类似基调为例证:利希茨基在绘画与早期装置中的空间实践是为了取代透视的结构限制,利希茨基认为:"透视在绘画之前将观众束缚在一个指定了距离的单一视点上。"[2]

具体到毕肖普所谓的第一种模型——她认为这始于20世纪早期的

---

[1] Bishop, Installation Art, p.57.
[2] 同上书,第80页。

先锋艺术实践，其特征是出现在营造梦境般空间环境的装置中，从心理上吸引观者，让其身心沉浸其中，诱发观者的幻想、个人记忆或文化联系。因而这种主体模型对应的装置作品涉及几个主要特征：环境营造、纳入观者与直接经验。例如，在被视为装置艺术早期典范的"国际超现实主义展"上，作品包含从睡莲、咖啡渣到悬挂在画廊天花板的上千个脏煤袋构成的整体，继而要求观者在艺术家营造好的如梦环境中直接且逐个揭开作品的面纱（图1.4）。

布列东（Andre Breton）关于这场展览的描述给我们提供了一份证据："面对一个看似无害的物体或事件，一种'非同寻常的幸福与焦虑、惊恐、喜悦和恐惧相混合'的短暂体验——一旦被分析，就会对主体有所启发'。"[1] 这实际上暗含了艺术家运用这种主体模型的更深层内涵：不安的欲望与焦虑的存在被认为具有革命潜力，"它威胁到资产阶级礼仪和社会规矩的虚伪外衣"；以及奠定这一切的理性规范的对立面：梦境中的不可预知与非理性意象。

心理学的主体模型从20世纪20年代的超现实主义一直延续到此后多年，其解放主体的维度也从革命性立场细化至审美经验。例如卡普罗（Allan Kaprow）在20世纪60年代的环境装置便将观众引入肮脏且粗糙的环境，冲击其日常意识。在卡普罗看来，60年代前后的艺术欣赏受制于固化反应——既包括艺术体制的影响，也包括社会文化的影响。因此，艺术家试图以此类环境装置"激发观者无意识的、非逻辑层面的灵感"[2]。无论采取哪种形式，这类装置都更关注主体的心

1　Bishop, Installation Art, p.22.
2　同上书，第24页。

图 1.4　"国际超现实主义展"现场，波尔多画廊，巴黎，1938 年 1 月至 2 月

理学解释。更重要的是，这种模型暗含更宽泛也更具体的诉求：装置艺术的观看主体在成为作品的构成部分的同时，通过直接经验参与或沉浸其中，以多元且碎片化的视觉与具身感知打破了传统的单点透视，打破了主体与艺术作品的等级和中心关系，也打破了观者与观者本身的中心关系，并进一步延伸到战后的艺术创作中。

　　极简雕塑是雕塑装置化的一个关键节点。以心理学为主体要素的艺术更直接地表现为观者与作品、观赏和创作的关系问题，与此同时，这种主体又生活于社会现实中，受到社会现实的影响。毕肖普认为，战前的心理学模型主体在战后出现更新，并与当时的主导性思潮相结合。这些思潮围绕主体问题展开，进一步推动了主体维度在艺术场景中的重要性。不过，这跟极简雕塑的现象学模型有所不同，或者说，这类装置与极简主义和后极简主义雕塑截然相反。如果现象学模型是通过装置提高观者对身体及其物理边界的认识，那么这种主体模型则是一概消解——消灭观者的自我意识。因此，相关的装置呈现出观者与媒介或环境难以区分或者彼此交融的特征：詹姆斯·特瑞尔（James Turell）营造出让人"迷失于光中"的情境；草间弥生（Yayoi Kusama）和卢卡斯·萨马拉斯（Lucas Samaras）的作品，通过不断的镜面映射，让主体的自我意识消解于环境中，抹除其自我形象；通过录像装置让观者在心理和生理上产生分离。精神分析中关于自我、欲望与死亡等主题的讨论，以及20世纪六七十年代对媒体环境的批评，使得艺术家以装置来质疑日常的主体理解。

　　黑暗的装置环境、让人不适的镜面设置、失重的身体体验，甚至是强烈的听觉刺激都以不同的方式破坏着观者的稳定性。因此，这类装置提供的是一种让观众处于被动状态的去中心化的体验：观者并不会通过这些装置而增强对身体或周围环境的感性认知，相反，他们以各种方式融入空间，减少对身体的感性认知。可以说，装置中的主体模型唤起了主体自身的冲突性。毕肖普认为，拉康关于"镜像阶段"的论文在此时（即1968年）被译成英文至关重要，因为他提出了不同于梅洛－庞蒂的观点：零碎且不完整的主体，其对应的装置也是在破坏自我的脆弱外衣。

最后，毕肖普提出，在战后的欧美社会环境中，政治性议题成为艺术的一个核心关键，并直接地反映了主体与艺术的关系中。她通过"政治性的主体模型"来阐释装置的相对晚近的发展。这种主体模型更强调主体的社会与政治语境：一方面认为积极的观者与积极介入的政治和社会之间存在转换关系；另一方面认为主体并非超然世外，而是属于集体或共同体的一部分。因此，装置艺术的发展脉络从物质材料、去物质化材料（如光与声音），扩充到对话、关系乃至身份等社会议题。约瑟夫·博伊斯（Joseph Beuys）的公共实践、在伯瑞奥德（Nicolas Borriaud）的"关系美学"话语支撑下的蒂拉瓦尼亚（Rirkrit Tiravanija）、受毕肖普推崇的赫希霍恩（Thomas Hirschhorn）（图1.5），这些艺术家的作品突显出两种截然不同的政治性主体。但毕肖普认为，在关系美学下的参与式装置基于对话与包容性的理解，消融了存在于政治性中的对抗维度。

即他们假定了观者是具有共同之处的观看主体——如美术馆或画廊的观众，而装置作品无非强化了已确定的主体身份或自我认同。与此不同的是，毕肖普吸收后马克思主义者拉克劳（Ernesto Laclau）和墨菲（Chantal Mouffe）的思想，认为对抗性关系是政治性中的一个基本维度，它不可能通过所谓的对话协商而从根本上得以消除，因此主体也不可能是基于某种共同且完成了的本质之上的共同体。这种主体类型既不同于现象学的，也不同于解构主义的，它强调人群关系之间的冲突与对抗，也强调主体与构建其认同的环境之间的对抗性。

无论如何，毕肖普以主体维度来勾勒装置的历史演变，并基于此确立装置艺术的独特性。毕肖普的装置艺术研究呈现了主体作为艺术方法的两个基本层面：在实践上，艺术家将装置的重心放在主体及与

图1.5 托马斯·赫希霍恩,《水晶抵抗》(Crystal of Resistance), 2011年

之相关的要素上,构成一种实践方法或视角;在研究与话语分析中,对装置艺术的分析以主体为核心,而非形式、图像或空间等。即便如此,毕肖普的最终分析还是落脚到以主体为方法的装置自身的矛盾性上。如果以主体为核心,装置会面对一个最基本的指控——它被认为是失败的,因为装置艺术的主体实际上既是中心化的又是去中心化的——要在装置艺术中经历去中心化的体验,必须有一个实际的中心化主体亲临现场。此外,更严重的指控是,20世纪中后期话语分析的真正重点根本不在于去中心化的主体,而是宣布主体的完全死亡。

不过,毕肖普认为真正的问题比此更复杂。真正的问题是无论梅洛-庞蒂还是拉康,他们主张的主体模型是身处日常世界中的,但装置艺术设计出一个让观者体验去中心化的艺术世界乃至艺术时刻,如此一来,艺术家就建构了一个先天的主体并偷换概念,将其放回装置中。但对于毕肖普来说,这种事先完成的主体与认同是不可能的:一方面,主体在差异化的话语系统中不断生成;另一方面,冲突或对抗本身不可消除。换言之,主体的建构是处于现实过程当中的,而不是在一个构造而成的艺术场景中。这种走出艺术场景进入社会现实的艺术诉求,与主体的建构实为一体两面,均涉及社会、政治、经济和技术层面的变革。当然,它们最终在后续的艺术实践中纷纷出现。不过在此之前,我们还需要在更宽泛的艺术维度中探索其中的主体要素。

1.2 从雕塑到公共艺术中的主体与批判

无论是极简雕塑的演变、莫里斯的论述还是在毕肖普勾勒的装置艺术历史中,主体都是一个关键的要素,并形成一种批判性的叙事。对于莫里斯而言,这种批判性叙事既与现代主义的艺术理论、艺术史观以及漫长的现代文化有关,也与其身为雕塑家对现代雕塑和艺术的经验有关。而对毕肖普来说,她以主体为方法勾勒艺术家在雕塑创作时所蕴含的与主体有关的基本概念,同时又以此来批判以主体为创作方法的不足之处,并写就了具有批评性的经典装置艺术史。然而,在20世纪中后叶的艺术中,主体的扩展并不局限在装置艺术这一范畴中。

在公共艺术的演变脉络中,主体不仅作为关键的要素出现,也逐渐形成批判性的叙事。在这一背景下,美籍韩裔学者全美媛为当代欧美的公共艺术研究提供了一条重要的阐释路径,其研究的出发点与其对装置的研究既有相似之处,也有不同之处。本节将借助全美媛的分析,来呈现公共艺术中的主体作为艺术方法和作为一种批判性的叙事的存在。

与毕肖普类似,全美媛也将极简主义视为公共艺术当代演变中的一个重要节点,即从艺术家作为一个个体的主体性维度,将公共艺术扩展至更大的空间、场域和语境,以及更广泛的社会空间。这一脉络同样有助于我们论证过去几十年艺术如何迈向批判性叙事,以及艺术的环境性转向的问题。

2002年,全美媛出版的《接连不断:特定场域艺术与地方身份》(*One Place After Another: Site-Specific Art and Locational Identity*)已成为研究过去半个多世纪公共艺术转型,特别是特定场域这一越来越流行的艺术形式的经典文本。

根据全美媛所述,场域与主体在过去几十年的艺术实践中形成了既相对独立,又相互交织的叙事。它们通过两条线索发展,最终在主体问题上相交。其一是场域在先锋艺术实践出现三种转型,最终偏向公共议题的艺术实践;另一条是在传统的公共艺术中,因作品的形式、主题及其与周围居民或社群的冲突关系而使公共艺术迈入一个更新阶段,公共艺术开始必须面对特定的社群文化与身份问题。从此,主体作为一个要素在公共艺术中的地位日益重要。最终,两条线索落脚到与主体构成有关的过程与问题上。因此,场域的转型与公共艺术的变化之间存在密切关系,其交织让主体问题成为焦点。在论述这一线索时,全美媛将西方公共艺术的当代演变分解为三种场域范式,起始点正是本章已有大量讨论的极简雕塑。

首先,20世纪60年代的极简主义艺术确立了现象学范式的场域,即艺术作品——尤其是雕塑。除关注传统的雕塑要素以外，极简主义艺术更突显观看的视角、观者的运动以及光影的变化等所谓的与某个特定场域物理属性的集合关系。由此，艺术经验变成一个与场域的多重要素相关的综合行为。无论是将相关实践界定为现象学的主体模型的毕肖普，还是罗莎琳·克劳斯根据雕塑家罗伯特·莫里斯的论述，将这种观看主体与雕塑的对应关系——如尺寸大小理解为公共性问题，都为"场域"在公共艺术中的演变奠定了基本合法性。如前所述，克劳斯认为此时的雕塑将关注重心从雕塑的内在结构转移到与观者的关系上，这实际上将作品及其意义的构成从私人领域扩展到公共范围[1]。全美媛并未在勾勒第一种范式时阐明这一点，但场域的转变与公共艺术的发展之所以存在密切关系，很大程度上是因为奠定在克劳斯所论述的逻辑上。

其次，在第二种体制批判范式中，场域的变迁与观看作品、展示环境的关系扩展到更大的文化与政治经济框架。场域成为相互关联的空间与经济的中转点，如工作室、画廊、美术馆、艺术市场等构成的体制，维系着艺术的意识形态系统。体制批判范式试图展示在观看艺术作品时，我们受到一个与场域的物理属性有关，但也更大的意识形态场域的制约。观者的认知-观看受到艺术体制的意识形态的制约：要看什么，怎么看，跟展示了什么和如何展示紧密相关。因此，从事体制批判的艺术家，如丹尼尔·布伦（Daniel Buren）和汉斯·哈克（Hans Haacke）等展示了艺术世界并非自律之地，而是通过社会、政治和经济过程构成的，场域从一个特定的展示环境扩展为一个去物质化且更

---

[1] 克劳斯：《现代雕塑的变迁》，第 30—32 页。

侧重主体的"认知–感受"的框架。

最后,基于既有研究并综合20世纪最后20年的艺术实践,全美媛以"话语场域"范式完成了场域特性的谱系。在这段时间里,场域的扩展与公共艺术实践范围的扩展并行不悖,艺术的实践范围从身份、社群、种族,到性别与环境等行动;场域也从展示空间、观看条件,或者说从艺术中的"主体–客体"关系扩展到主体自身的构成上。其主要驱动力则是追求与外部世界和日常生活更紧密的接触——一种对文化的批判,包含非艺术空间、非艺术体制和非艺术问题(事实上是模糊了艺术与非艺术之间的界限)。这种模式影响着持续至今的实践,"其表现形式倾向于将美学和艺术史的关注作为次要问题",例如关注生态危机、流浪问题、种族主义与性别歧视等社会议题,形成涵射众多"话语"的场域。[1]

1.2.1 公共艺术中的批判与真实主体

按照全美媛的分析,在第二种场域范式中,有关作品空间的批判转向了更广泛的"社会–文化–经济"和认知框架。被称为是"体制批判"的艺术家,集中批判了艺术家和艺术作品受制于发达资本主义中由艺术市场、美术馆、画廊乃至政治权力所构成的艺术体制。参与其中的艺术群体包括纽约艺术工人同盟(New York-based Art Workers Coalition),布达埃尔、布伦、阿舍(Michael Asher)、史密森和哈

---

[1] 全美媛:《接连不断:特定场域艺术与地方身份》,张钟萄译,中国美术学院出版社,2021。

克等。这一运动的参与者艺术家弗雷泽（Andrea Fraser）曾考据：艺术理论家布洛赫（Benjamin H.D. Buchloh）在 1982 年就用了"体制"（institution）一词来强调体制化语言、体制化框架，即艺术不得不受制于一定的体制语境。实际上，布达埃尔在 1964 年的首场个展中，就批判了艺术的传播、展示和收藏机制。1968 年，布达埃尔创作了观念装置《现代艺术博物馆之老鹰部》（*Museum of Modern Art, Department of Eagles*），作品包含各种形式的老鹰图像或实物：大师画、广告、啤酒瓶和手工艺品等，再以展览的形式展示，同时还标明"这不是一件艺术作品"（图 1.6）。艺术家以此直接批判美术馆的价值分类权和图像的意识形态功能。当布达埃尔创作这件作品时，西方社会正在争论如何从文化体制中彻底解放出来，所以艺术理论家德·迪弗（Thierry de Duve）将布达埃尔的这一作品视为"延续了杜尚式的创作或质疑"，即一个物体之所以被当作艺术作品，背后是美术馆任意且垄断的艺术权力。

哈克后来将这种批判的范围进一步扩大甚至激进化。1974 年，他直指邀请他参展的德国科隆瓦尔拉夫－里夏茨博物馆（Wallraf-Richartz-Museum）。哈克在研究了现代绘画大师马奈画作《一捆芦笋》（*Bunch of Asparagus*, 1880）的历代收藏者（包括他们收藏时的价位、专业背景和职位等）后，最终，将批判指向了与该博物馆有千丝万缕联系的藏家约瑟夫（Hermann Josef Abs），他曾是德意志帝国时期的财政部官员。哈克欲以此揭示艺术收藏——尤其是艺术体制背后的经济和政治权力关系。可以说，前述对艺术体制和文化框架的批判至此已夹杂进政治因素。

弗雷泽在回顾体制批判时试图澄清一些误会：一方面，对布达埃

第一章　艺术与主体的批判性叙事 | 071

图 1.6　马塞尔·布达埃尔，现代艺术博物馆之老鹰部（展览现场），1968 年

尔、阿舍和哈克等艺术家来说，体制批判并非对立于体制，艺术实践更不能永远在体制之外，他们更多的是想表达艺术不能被体制绑架，至少要保持一定的自主；另一方面，他们的艺术创作考察了艺术家工作室和美术馆系统，也是为了探索后工作室时期的艺术实践。究其根本，这些诉求集中表现了艺术体制、文化的"社会－政治－经济"框架对个体艺术家或者说主体的压制作用，与此同时，也暗藏着以更多的主体元素来进行个体表达的内在需求。但导致这种状况的并非只是20世纪中期战后社会在生产和消费模式上的转变，还有着更复杂的深层原因。

首先，市场固然重要，特别是在西方的现代艺术史脉络中。艺术市场的兴起使得艺术创作对赞助人、教会和贵族阶层原有的依附关系弱化，艺术家从而获得相对自主的地位。其次，就艺术的标准或美学品味而言，古代艺术作品的审美价值是因为它们符合当时的审美和价值标准（如客观性和再现法）。而批判性的艺术诞生于客观逐渐主观化的时代，比如主观感受和情感在审美活动中占据更重要的角色。相应的，现代艺术减少了转译，弱化了将现实完整再现和将其转化为文字、图像或声音的做法。诚如法国哲学家费里指出的："艺术家变成了作者，一个富有创作能力之天赋的个体，这一能力本身就是源头。"[1]这意味着艺术家个体的原创性（即作为本真性的艺术等价物）变得日益重要。

如果说原创性是真实主体的具体表现，那么这至少暗含了两个结果：其一，艺术创作的功过成败都集中在作为个体的艺术家身上；其二，艺术不再是用来理解世界的工具，而是一种扩展自我的方式。因

---

[1] Luc Ferry, *Homo Aestheticus: The Invention of Taste in the Democratic Age*, trans. Robert De Loaize (Chicago: The University of Chicago Press, 1993), p.23.

此，先锋派艺术发动的变革——无论是勋伯格、普鲁斯特还是康定斯基[1]——都使得艺术从描绘客观的自然和现实，变成表现个体的当代生存经验。撇开"艺术批判的革命意志是想开辟现实社会的新局面"不论，其结果更是以原创性、批判主义、革新和决裂，去反抗历史和传统的审美标准。

不过，这并不足以解释艺术创作为什么强烈地追求从原有的审美范式和标准中解放出来，特别是先锋派追求的决裂和革新的个人表达。当这种表达延续到体制批判，出现去审美化和去物质化的趋势时，不仅与资本主义的生产模式相吻合，更反映了艺术的自主诉求和价值动力。要理解这种自主诉求或者说审美自主，必须考虑到现代个人主义背后的伦理和价值观，尤其是与个人主义伦理相一致的个人主义审美。

由于艺术实践既关乎艺术家的内在生活和生存经验，也关乎艺术家的天赋能力，所以具有批判性的艺术家被视为具有原创性的个体。将人从原有束缚之中解放出来，追求自由的表达和真实的表现——勇敢表达自己的真实生活、真实感受和真实人生，实现自己或自我实现，这些价值诉求从19世纪末追求物质、地域和家庭伦理的解放，演变为20世纪中后期追求性别、身份和种族的解放，形成了以个人生活观念和生活方式为主导的社会解放，以及与之相关的艺术批判和艺术实践，甚至渗透了后文将讨论的技术环境。不过，这里仍然需要回到艺术场景，回到艺术批判与主体的建构在公共艺术演变中的基本表现。

---

1 瓦尔特·比尔梅：《当代艺术的哲学分析》，孙周兴、李媛译，商务印书馆，2016。

1.2.2　走向社会空间：公共艺术中的主体建构

按照全美媛的看法，西方当代艺术中出现的三种场域范式描绘了极简主义、观念艺术与其他先锋艺术逐渐走出室内空间（包括艺术家工作室、画廊、美术馆等），步入公共空间并介入公共议题的线索。从实践上则表现出去物质化、社会介入或参与式等明显的艺术特征或方法，这在相对宽泛的意义上，汇集成了我们今日熟悉的"公共艺术"的基本特征，并通过场域的变迁而反映在"主体"的建构上。如果在这一脉络中，主体的建构暗含了主体（身份／认同／同一性）与社会的关系问题，那么相关的艺术实践必然不断地与社会议题，以及与社会空间发生关联。我们可以从全美媛记录的两个具体案例来分析这一点。

首先，相对传统的公共艺术，其艺术特征包括艺术创作的资助是源自公共财政、作品将被置于公共空间中，常关注具有普适性的话题（如纪念碑中的人物与事件）等。然而自20世纪70年代以来，公共艺术的建筑装饰作用越发明显，这种功能主义的界定在围绕理查德·塞拉（Richard Serra）的《倾斜的弧》（*Tilted Arc*）（图1.7）展开的社会事件中出现变革。

1981年，塞拉在曼哈顿中心的联邦广场安装了他受美国总务管理局委托制作的长约36米，高约3.6米的钢制雕塑《倾斜的弧》。但由于这件作品对周围居民的生活造成不便，引发了拆除与否的争议。最终，在经过5年的公开听证会、诉讼和媒体报道后，作品于1989年3月被拆除。这一事件推动了公共艺术创设机制的标准、程序与规则的改变。然而在全美媛的引述中，《倾斜的弧》还涉及更大的冲突：它揭示了

图 1.7　理查德·塞拉,《倾斜的弧》,1981 年

公共艺术话语逐渐成为具有民主意义的斗争场域。因为公共艺术自此不仅要与周围的建筑和环境相宜，还要与周围的人群及其身份和谐共处，后者在另一案例中再次突显出来。

1985年，艺术家约翰·阿希恩（John Ahearn）为位于纽约市的一个非裔美国人社区创作公共艺术，他同样遭到了反对，最终他所创作的雕塑在安装好5天后被拆除。部分反对意见认为艺术家是白人，根本不可能代表或理解非裔社群的经验；另一些人则反对作品中的人物有犯罪记录，是不良分子，抹黑了该社群。由此，在公共艺术与社群的身份认同（identity）的关系中，主体进一步突显为公共艺术的一个要素。换言之，除了传统的创作主体、观看主体，此时的公共艺术，还需要面对艺术在主体的构成与身份认同中的作用：创作主体与社群主体之间是冲突还是融合关系？如果身为创作主体的艺术家不再位居中心，那么公共艺术面对的是何种主体？假如存在一种集体性主体，那么它又由什么构成呢？

在全美媛以场域来分析公共艺术演进的过程中，主体是一个暗合的内在要素——无论在现象学视域下，还是把场域理解为具有空间（space）和地方的维度，主体都与之密切相关。这种针对隐藏的主体之构建过程的问题，在90年代的案例中进一步突显出，造成先前艺术关注的特定场域，逐渐被特定的社群（如女性社群、少数族裔社群等）所取代，其导致的结果是公共艺术越发脱离具体的物理位置。另一方面，公共艺术需要面对的问题也因主体（社群）与场域的关系而进一步复杂化。例如在围绕社群或社区的艺术中，核心问题开始转换为关注"社群（共同体）"的定义：社群只是在一定物理边界内生活的人吗？是否可以将社群视为一个固定、稳定且有本质的指涉物？"社群"

究竟是谁？艺术家与社群或社区之间是什么关系？针对社群涉及的身份认同问题，艺术家以接连不断的艺术项目介入某个空间又会引发什么艺术、政治和经济效应？换言之，艺术家的主体性与社群的主体性，与所谓的社群（共同体）直接相关：不仅是本体论层面的相关关系，而且是确立后续实践的认识论前提，那么社群究竟基于什么来确立个体（主体）与共同体的同一性？

全美媛在批判性地分析1993年的公共艺术项目"文化在行动"时明确指出：社群（共同体）概念被视为一个神话般统一的整体。在苏珊·蕾西的女性艺术案例中，这种所谓的"统一"基于同一种性别（或种族）的"本质"上——所有作品和艺术家都因为"女性"这一特征而被视为一个"社群（共同体）"。全美媛认为这意味着以"事先的一致性"来确定社群，忽视了艺术家可以帮助建立不同类型的社群的方式。更进一步来说，这种在认识论上的先天确认，也是先天的认同和排斥，这使得人们可以提出质疑：从事社群或社区实践的艺术家——如全美媛的主要对话者格凯斯特所言，他们是否相当于一个自以为是的代表，声称有权为社群说话，以便为自己博取政治、专业和道德上的好处？对此，全美媛紧随法国哲学家让－吕克·南希（Jean-Luc Nancy）的看法，认为并不存在一个具有形而上学本质——也就是所谓的"共同"的社群（共同体），而是存在有诸多内在差异，只是"共通"的社群（共通体）。[1]

相应的，艺术实践必然会转化为集体性的，所谓的结合社群、公

---

[1] 让－吕克·南希：《无用的共通体》，郭建玲、张建化、夏可君译，河南大学出版社，2016，第9页、第25页。

众合作无非临时的，是必然不完整的团体。它们基于项目之上质疑集体主体的一致性，但不完整是任何集体社会进程的固有部分——任何预先假定的完整主体性都是不可能的。实际上，在分析公共艺术时，全美媛作出了回应，即如拉克劳和墨菲所言：

> 主体范畴由于多元决定支配着它的每个话语特征而同样地渗透着暧昧、不完整和意义分歧。基于这一理由，在其客观的层面没有给出的、封闭的话语总体，在赋予意义的主题层面就不可能被建立，因此代表的主体性被同样的不稳定和表现在其他一部分含义中的话语总体在其他任何含义上的缝合中的缺席所渗透……[1]

这表明全美媛将公共艺术的讨论与围绕场域而构建的主体联系起来，突显主体的建构与共同体的划定都无法基于本质性的同一性上这一事实——这种同一性在主体身份上表现为生理特征、阶级划分或政治意识形态等，也表现为与场域绑在一起的地理区域。

不同于此，全美媛站在反本质主义的立场理解主体，将差异主体与集体主体（共同体）的构成以共识性与冲突性为特征推至台前。这响应了两相对立的社会模型：共识模型与冲突模型。前者表现在诸如涂尔干关于社会团结、社会纽带之重要性，以及哈贝马斯关于公共领域的协商之重要性的文脉中；而后者表现在马克思侧重社会冲突或矛盾之普遍存在的理解中，并在后马克思主义的改造下，将基本的

---

[1] 恩斯特·拉克劳、查特尔·墨菲：《领导权与社会主义的策略》，尹树广、鉴传近译，黑龙江人民出版社，2004，第136页。

"物质－经济"冲突或决定论转化为包括身份、心理与文化在内的话语构成或身心差异的冲突与多元建构。

无论如何,从莫里斯、毕肖普到全美媛的论述都表明,在 20 世纪中后期,主体问题以批判性的视角进入了艺术的创作和研究中[1]。然而,如果我们将这种视角置于更大的历史语境之中,那么主体与艺术中的批判性叙事的面貌会更加清晰。艺术中的主体维度和批判性叙事涉及 20 世纪中后期的艺术的诸多变迁,诚如已经论述过的去物质化、观念性和"社会－伦理"转向等;另一方面,这也使得艺术的意义发生变化,并最终表现为走向数字生态的艺术(文化)形态。

1.3 艺术中的主体与批判性叙事

在更大的语境下,以主体为方法,是 20 世纪中后期甚或更早的反叛艺术现代主义和"反美学"潮流的具体表现。毕肖普和全美媛在与此暗合的情况下,既提供了以主体来阐释装置与公共艺术的新路径,也呈现了艺术所反映的更宽泛层面的社会变革。在此之前,在现代美学的主导谱系中,无论是发端于鲍姆加登(Alexander Baumgarten)对

---

[1] 或者以人类纪批判和去人类中心的角度展开论述,例如 Stephen F. Eisenman, *The Cry of Nature: Art and the Making of Animal Rights* (London: Reaktion, 2014); J. Keri Cronin, *Art for Animals: Visual Culture and Animal Aavocacy, 1870-1914*, (State College: Pennsylvania State University Press, 2018); Laura Turner lgoe, "Creative Matter: Tracing the Environmental Context of Materials in American Art," in *Nature's Nation: American Art and Environment*, eds. Karl Kusserow and Alan C. Braddock, (Princeton: Princeton University Art Museum, 2018), pp.140-169。

于美学的早期界定,还是康德的关键论述,审美和艺术创造都呈现出内在的主体性维度,即艺术作品的审美与主体的知性愉悦相关,但又无关功利。这奠定了哈贝马斯所谓的"现代性的基本规划":无论是科学的客观性,还是艺术的自主性,均根据自身的内在逻辑而得到规定,这亦构成了占主导性的现代主义艺术理论的基本框架[1]。就此而言,审美与主体感知紧密相关[2]。

现代艺术强调的原创性与独一性,被认为源自具有自发性的本真主体,主体及其本真性被视为现代艺术的合法性根基。因此,在接受维度——如在传统的绘画、雕塑或摄影等媒介中,身为接受既定作品之受动方的观者受到相对较少的关注。而将被动转为主动、将静态转为动态、将永恒变为暂时等艺术现象,成为哈尔·福斯特在20世纪末以"反美学"归纳的新兴艺术实践的特征。

福斯特认为,以后现代主义为主的反美学策略的核心诉求是解构现代主义,是将之拆开并重写,这源自"现代性的危机"[3]。但这种危

---

[1] 尤根·哈贝马斯:《现代性:一个不完整的方案》,载哈尔·福斯特编:《反美学:后现代文化论集》,吕健忠译,立绪文化事业有限公司,1998,第11页。
[2] 丹托提出了相反的看法,他认为,审美考量对于20世纪60年代以后的艺术没有基本的适用性。见 Arthur Danto, *After the End: Contemporary Art and the Pale of History*, (Princeton: Princeton University Press, 1997), p.25;德·迪弗则是在感知本身上做文章,拓宽了感知的范围。见 Thierry de Duve, *Kant after Duchamp*, (Cambridge: MIT Press, 1996), pp.50-51;而戴维斯则超越了以感知来论述审美的边界,将艺术作品的所有的复杂的语义属性当作审美属性。见斯蒂芬·戴维斯:《艺术诸定义》,韩振华、赵娟译,南京大学出版社,2014,第211页。
[3] 哈尔·福斯特编:《反美学:后现代文化论集》,吕健忠译,立绪文化事业有限公司,1998,第35页。尽管在当代的艺术叙事中还有其他"美学/反美学"的讨论,但他们大多仍然围绕福斯特与朗西埃展开。见 Paul Mattick, "Aesthetics and Anti-Aesthetics in the Visual Arts" *Journal of Aesthetics and Art Criticism* 51, no.2 (1991): 253-259。

机出自外部,也关乎文化的内部决裂。就像在罗莎琳·克劳斯所谓的扩展了领域的雕塑中,雕塑从媒介的演变扩展为涉及关系性的文化领域之变[1]。相应的,意义生成的优先序也发生转变。一如前述,从罗丹到极简雕塑的变迁,是关于对现代雕塑之内在结构的认知与接受者从感知经验领会作品的转变,即作品的意义从创作主体的私人领域,通过雕塑的表面与观者的关系转换到公共范围。这无疑为毕肖普和全美媛的以主体为方法的阐释奠定了基础。

因此,从现代美学与现代艺术谱系的角度看,以主体为方法的演进,至少包含两个关键特征:首先,主体以有别于以往艺术的方式突显出来,无论是艺术家还是作品都不再是自足的,整个空间被当作单一的情境,要求观者进入其中并亲身体验。作品独特的时空场域要求主体的经验,因而一方面由主体(在一定程度上)完善作品,另一方面又突显了不同的主体构成,因此第二个特征是,主体的建构也与公共性(公共范围)直接相关。

如果说在毕肖普的阐释中,第一个步骤表现为绝大多数装置艺术家在质疑既定主体的同时,也质疑现代哲学意义上的笛卡尔式"我思"或康德式先验主体及其形而上学之根基,同时还拒绝文艺复兴以来以透视法为基准的"视觉-艺术"视角,从感知与意义生成角度质疑身为主体的观者与身为主体的作者之间的权力或等级关系[2],那么在第二

---

[1] 罗莎琳·克劳斯:《前卫的原创性及其他现代主义神话》,周文姬、路珏译,江苏凤凰美术出版社,2015,第224—232页。
[2] 例如潘诺夫斯基将透视等同于笛卡尔式的理性和自省主体,见 Erwin Panofsky, *Perspective as Symbolic Form*, trans. Christopher S. Wood (Princeton: Princeton University Press, 1996)。

个步骤中,所谓的"公共范围"则涉及主体间与 20 世纪(尤其是战后)西方的"政治－经济－文化"的转变之间存在的转换关系:主体的建构与主体之间的关联属于更大的系统或语境的一部分,通过艺术揭示被压抑、被忽略或被异化的部分——或是通过超现实主义的无意识、通过批判体制中受制于"社会－经济－文化"框架的情况,或是公共艺术中的共同体——以揭示主体的整全面貌、建构性以及建构过程中的关系层级[1]。换言之,艺术中的主体建构与共同体(乃至社会)的建构是一个问题的两面,无论参与公共艺术实践的艺术家还是观众(或社群成员),他们都面临主体自我与所处空间、文化、历史和社会政治场域等的关系问题,进而表现为空间政治问题。

由于全球化对地方的影响导致了主体的建构与地方及其关系的复杂化,文化艺术的流通对其作为主体构建要素的影响,也使得艺术的商品化流通成为生存与生活环境的不稳定性的隐喻。而作为去稳定化在空间上的等价物,去中心化也随即影响主体的建构与立场,文化艺术由此引入了多重视角的叙事——如伽达默尔(Hans-Georg Gadamer)的双重视角、巴赫金(Mikhail Bakhtin)的对话观念、女性主义、殖民(后殖民)话语等。但无论是个体主体还是集体主体,都面对着不稳定的多元建构与冲突问题。这背后既有回到过去与地理本质绑在一起的怀旧主义,也存在如德勒兹和瓜塔里等后现代主义的流动性主体。但无论如何,或者说正因如此,当许多装置和公共艺术走

---

[1] 这反映了在哲学、社会学乃至科学史中的"建构主义"对文化史和艺术阐释的影响。如爱德华·汤普森的《英国工人阶级的形成》、福柯关于话语实践与系统建构的问题、性别与共同体的建构、传统的发明等。福柯的知识考古学做出了系统阐释,见米歇尔·福柯:《知识考古学》,董树宝译,生活·读书·新知三联书店,2021。

向公众时,艺术家、参与者和组织机构未经反思的正是何种主体在面对非预设、也无法预设本质的同一性的多元主体的问题。

当毕肖普和全美媛在此背景下以主体为方法阐释艺术时,均显示出对激进民主和多元民主理论的兴趣——尤其是后马克思主义阐释中的对抗性。她们认为,这一思想概念揭露了许多社会参与型艺术的政治短板。在当代的艺术实践中,开放性和可及性的民主修辞被艺术家日渐用来作为创意性的社会介入,如频繁牵涉到艺术家、委员会、艺术机构和基金社群的介入和公共参与,而与这种修辞联系在一起的是一种普遍的乐观主义,即社会团结基本上是可能的。但在她们看来,这种乐观主义基于一种错误的民主诉求之上,即实现共识、搁置冲突,而非保留之。因此,无论是装置中的解构式自我冲突和对抗性的主体模型,还是在公共艺术中,作品从与特定场域绑在一起演变为二者的解绑,均反映了20世纪最后二三十年现代主体与社群(共同体)在现实语境下的去稳定化。

如果我们将这种多元建构与冲突进一步置于西方战后语境,会发现多元主体和碎片化的场景,是为了在碎片化的政治场景中运作:"在这样一种政治场景中,各种接合实践在不稳定和持续变化的'边界'(以及个体之内的区域)上相互竞争"[1]。装置艺术与公共艺术中的主体抵抗模式,实际上是对战后西方国家普遍采取的一种支配形态的对抗,这种支配形态包含三方面的特征:(1)以半自动化流水生产线为基础的劳动过程;(2)凯恩斯式的干预主义国家;(3)由媒体主导的大

---

[1] 斯图亚特·西姆:《后马克思主义思想史》,吕增奎、陈红译,江苏人民出版社,2011,第36页。

众文化。它们又表现在三个具体的层面：一是社会活动的全盘商品化；二是官僚化的扩展；三是文化模式的单一化和生活方式的同质化。[1] 例如，劳动与生产过程从生产关系与工具的角度影响艺术的制作，引发了体制批判的艺术实践；国家干预主义一方面成为解构式主体模型针对既有结构关系的现实语境，另一方面，在相反面形成艺术与文化等公共领域大规模市场化的氛围，导致公共领域、公共空间的收缩或新自由主义化，为新型公共艺术直接介入社会治理铺平道路；而大众文化与媒体带来的单一化与同质化，又将特定场域的艺术实践卷入其中。

在这种历史性的社会语境中，艺术中的主体无非是艺术面对和应对社会变革的综合性载体。主体在极简雕塑中的变得重要，并且有其艺术史的根源和逻辑，这也奠定了雕塑及其艺术意义进一步扩展的基础。在此基础之上，后续的装置艺术和公共艺术的变迁，无论是哲学思潮中对主体的解读，还是社会现实和艺术现实对主体之建构的影响，都是社会变革在艺术中的集中表现。当然，这绝非是指艺术在此意义上是对现实的反映，毋宁说，艺术恰好是以对主体的反思性建构而保留了彻底变革现实的可能性。但艺术以批判性实践所高举的解放、自由表达的旗帜，以及奠定它们的自主性和真实性诉求作为价值桥梁，也作为主体的叙事方式，融入了相应的技术现实，并构成走向数字生态过程中的技术形态。

---

[1] 周凡：《后马克思主义的政治本体论（上）》，《学术月刊》，2015年第2期。

第二章 主体与技术的审美化叙事

莫里斯和极简主义艺术开启的交互性,在艺术的演变过程中,推动了后世艺术家将"参与"纳入艺术的可能性。然而,交互参与的意义深远,不仅在狭义的艺术变迁过程中是关键,还在 20 世纪中后期的整体文化演变中发挥着重要作用。这源自"参与"自身的特性,也跟诞生这种特性的社会文化氛围相关。

从特征来看,交互或参与打破了传统审美经验中的生产者与接受者之间的二分关系。这种突出了共时性特征的审美经验,让审美对象的诞生和接受同时发生,所以艺术家不再预先完成对审美对象或作品的生产,再进行传播与接受(消费),而是二者一同进行。极简雕塑开启了观者感知与雕塑的共生关系,后来的装置艺术也是如此,就像毕肖普指出的,让观众的亲身经验成为作品的一个构成部分。这种状况在结构上打破了传统审美活动的闭环结构,转向更具开放性与偶然性的过程体验。更进一步而言,如果以一个坐标系为隐喻,那么审美经验的上述变化在横向维度打破了创作与接受的顺序,在纵向维度则打破二者之间的秩序,并共同指向犹如坐标原点的审美主体。这是对前一特性的延伸,也可以说是其自然结果。最终,共时性在时间秩序和阐释秩序上使得观众(接受者)拥有了与艺术家(生产者)平等的地位,成为自我叙事的核心。

尽管从狭义的艺术传统看,这些特征或多或少已经表现在了先锋艺术实践中(如布莱希特的戏剧、达达主义的艺术事件),也在埃科

（Umberto Eco）的"开放作品"、桑塔格（Susan Sontag）的"反对阐释"，或者博伊斯的"人人都是艺术家"的理论中得到"话语"上的表达。然而它们在范围与程度、数量与质量上的爆发，却出现在我们正身处其中的数字时代。

这些看似"遥远"的艺术参与，已经体现了今日更广义的社会文化逻辑。例如在新近的技术现实中，社交媒体、自媒体、知识付费的自组织、短视频的内容生产、在线购物、看展，乃至建构在线的自我传记式叙事，均在不同层面表现了"交互参与"的基础逻辑：让更多主体自由地参与文化和艺术活动，表达其审美经验。但这又不同于艺术史中的"参与"，因为艺术史中的主体参与至少还呈现为一种批判性叙事，是应对20世纪社会变迁的表现。而在数字时代，更广泛的审美经验中的"参与"，具有普遍性的社会和文化意义。

一方面，后来的"参与"成为主体以自我叙事而构建自身的重要方式。例如，当移动互联和社交媒体成熟发展之后，大量普通用户，以远超出艺术观众的规模——通过图像与文字等信息符号，表达并传递自己的日常经验、生存状态与生活方式，展现出自己的审美品味及其身份区隔、自我认同与社会关系，乃至意义诉求与某种程度的社会结构（阶级）。在数字时代，"参与"的审美和艺术意义扩展为更宽泛的文化意义，不再局限在传统美学中关于"美"的作品的创作、欣赏与体验，也不太关注艺术史中的批判性叙事，而是在广泛的文化层面实现对主体和自我的认同。借助批判思想家的说法，这种参与不仅使得主体成为对象，而且成为审美的对象，最终造成生活方式的审美化。

另一方面，当主体通过"参与"而成为对象时，技术也因与主体叙事的构成性关系发生了价值上的转换。由于技术被赋予了超出其纯然工具价值以外的伦理价值，逐渐被视为价值等价物，这极大地转变了技术的形象。这表明，"参与"的艺术和文化逻辑，在技术的发展演变中发挥了关键性的作用，也表明艺术的变迁与技术的演变具有某种关联关系。而要论述这种关系，主体似乎是一个关键的维度。

艺术变迁中的参与，是艺术家对艺术和自我的理解发生变化的结果。这一变化的过程伴随着技术的发展过程，因此技术与人的自我理解的关系，也是不可忽视的要素。上述普遍存在于数字技术时代的审美经验、文化现象和日常活动，与其说体现了一些崭新的审美经验，不如说是隐藏了自我理解的变化。这种自我理解的主体维度与数字时代的兴起，尤其与数字技术本身的演变紧密相关。不过，在论述这种关系之前，我们需要将目光转向当前时代，做一番简单的历史回溯，这将有助于我们理解艺术与技术的交织关系。

2.1 数字基础设施的兴起

近十余年来，计算机与互联网技术已经构成数字时代的"基础设施"，也是审美活动、审美体验与审美对象在数字时代的基本中介和发生之地。通过这些基础设施，个体的生活与日常的审美表达出现了明显的特征：人们通过数字技术不断地记录和分享自己的生活，也参与其他人的分享。这种准传记的记录方式形成了个人档案[1]，但不是严

---

[1] 关于这种自我文化，贝克曾做出过类似的论述，见乌尔里希·贝克、伊丽莎白·贝克-格恩斯海姆：《个体化》，李荣山、范譞、张惠强译，北京大学出版社，2011，第47—49页。

格意义上的日记和传记,而是实时的且有选择性的,它们所塑造的不是人们的自我形象,而是人们最想表达或打造的自我形象。鉴于这种"自我叙事"的范围还在不断蔓延,我们可以称之为"普遍化的自我叙事"或"自我叙事的扩展"。"普遍化的自我叙事"涉及的内容,从自我对商品、空间到公共事件的"点评",到任何个体用户自由地表达自己的品味与偏好。这种"表达"不仅与审美经验紧密相关,还构成了数字时代基本的审美活动。

然而我们可以说,是移动互联等数字基础设施的普及与易得性[1],从技术上保障了普遍化的自我叙事,即技术发展是自我叙事普遍化的前提。但要理解技术手段与自我叙事之扩展的关系,还必须回到推动个人计算机与互联网发展的"冷战"时期,并由此表明技术变革与艺术和审美之间的交织关系。计算机和互联网等数字基础设施的发展已经有了半个多世纪的历史,普遍化的自我叙事在其历史发展过程中逐渐突显出来,并与前者具有构成性关系。因此,当我们在讨论数字时代的审美经验和文化现象时,不只是讨论文化,还涉及技术变迁的一系列社会历史背景。其次,"冷战"背景下的对抗与价值诉求还为相关技术的转变奠定了基础,形成了今日的文化逻辑,最终推动了自我叙事的不断扩展。

从数字基础设施的社会历史背景角度看,日常生活中使用的数字工具源自"二战"以后的计算机的发展。"二战"后,计算机和网络

---

[1] 其他还包括网线、海底电缆、路由器等基础设施,关于这一点可见关于信息时代的基础设施与网络社会之崛起的讨论,如 Manuel Castells, *The Rise of the Network Society*, Wiley-Blackwell, 2009.

作为军事工业设施取得了重大进展。将自我叙事的扩展置于此背景下，可以理解技术和审美经验在其中的相互作用，以及它们如何构造今日的世界。这一背景表明，计算机在今天发挥的功能经历过重大的转变，即从最初的用于军事设施与军事计划的计算工具，变成为个人服务的交流设备，再到更晚近的娱乐与审美载体。然而，这场"技术演变"还蕴含着庞杂的"价值更迭"。

起初，计算机通过大型组织的支持而不断开发，被用于战争中的控制与通信工作。例如1940年，由美国总统罗斯福（Franklin Roosevelt）牵头成立的"国防研究委员会"（National Defense Research Committee，NDRC），其主要功能是研发计算机在战争中的作用。即便到了20世纪50年代，计算机最初的实际用途仍然主要涉及大炮与导弹的轨迹运算，例如复杂的旋风项目与后续的SAGE，都致力于通过处理核导弹的突然攻击而形成远程预警系统中不同雷达阵列的数据，以此预测军事的攻防。计算机的功能与发展跟大型组织紧密相关，甚至于计算机在功能上的个人化转变也是如此。1962年，美国国防部"高级研究计划局"（Advanced Research Projects Agency，ARPA）邀请约瑟夫·利克莱德（Joseph Licklider）加入，后者被视为计算机个人化革命的启动者。但在计算机与互联网的历史写作中，对他却存在两种截然不同的看法，这种冲突反映了计算机在"冷战"背景下的价值冲突。

根据斯特里特的说法，在计算机的历史叙事中，一种看法将利克莱德视为人文主义者，如沃尔德罗普就认为，他开启的计算机的去中心化与个人化，战胜了其在军工计划中的集中性功能。但爱德华兹却认为，计算机关乎战时军备、控制系统与对命令的控制。实际上，这两种看法反映了关于计算机功能的两种价值取向：一种是为"集体-

国家"组织安全的共同价值;另一种,是实现个体自由的个人价值[1]。与此不同的是,斯特里特提出另一种叙事,即计算机的变迁关乎更复杂的"军工复合体",并将计算机与互联网的发展置于战后商业发展中的"公司自由主义"理论框架下[2]。

"军工复合体"最早也被称为"军工综合体",指高科技公司与武器公司的结合,后来是指由制造商、美国军方、大学科研机构与美国政府所资助的机构,也被称为"军事警察国家""战争国家""军人阶级"等。斯特里特称之为"大企业与大政府的相互依存"[3]。它是美国在战后因"冷战"而大量发展军事工业的结果——包括军工业所占就业比重的增加、军费开支占国民经济的比重加大、军工复合体在美国的经济和科技中的分量变大,以及各工业部门直接或间接卷入军工业的生产等。尽管斯特里特以"公司自由主义"解释互联网的诞生是为了淡化计算机绝对的军事起源,但在他的论述中,大型组织仍然是重要因素,并对数字技术的发展造成重大影响。如他所述:"公司自由主义的技术开发,其核心特征之一,是新的先进技术最好是在早期的概念和理论阶段,首先以政府资助(可以针对政府组织、功利或私立大学或私人公司)来进行孵化,再将之交给私营部门,由它们将概念转化为实用的工作设备。"[4]因此,计算机与互联网在"冷战"背景

---

[1] 沃尔德罗普的论述见 Mitchell Waldrop, *The Dream Machine* (London: Penguin, 2002);爱德华兹的论述见 Paul Edwards, *The Closed World* (Cambridge: The MIT Press, 1997)。
[2] 托马斯·斯特里特:《网络效应》,王星译,华东师范大学出版社,2020,第32—47页。
[3] Thomas Streeter, "Notes towards a Political History of the Internet 1950-1983" *Media International Australia* 95, no.1: 134.
[4] 同上。

下的一个首要参照点，是它的组织结构及价值问题。

其次，就内容与技术功能来说，如今在个人的数字设备上发挥审美乃至娱乐作用的交互功能也脱胎于"冷战"军事背景。例如，为了让人与机器在战争中更好地发挥作用，佩斯里公司根据控制论与系统信息的理论发展了自动化和人机交互。身为控制论奠基者的维纳（Norbert Wiener）在 1941 年就意识到了这一点，他在战时的防控预测项目中提出将机器拟人化。维纳指出："开关对应神经突触，线路对应神经，网络对应神经系统，传感器对应眼睛和耳朵，执行器对应肌肉。"[1] 不过，这些内容或功能寓意逐渐突破军事工业领域，扩展到更大领域中发挥作用：从个人、单个机器到公司与整个社会。维纳甚至提出一种具有政治性的思考："信息的有效传送有多远，社群就能延伸多远，这提供了一种政治思考根据。"[2] 在"越战"中，由于美国的陆军与海军面临诸多问题，而机器表现更好，GE 公司为此研发了适合丛林作战的大型行走机器，创造人机的互利共生，致使人机互动的功能更进一步发展[3]。

最后，在理论话语层面，控制论、系统论，以及信息通信与工程学等科学研究奠定了计算机与互联网的理论基础，并扩展到更广泛的社会文化话语领域。借用斯特里特的话说："也许在某种程度上是在'系统科学'的范围内，它在 20 世纪 60 年代初达到顶峰。系统科学的核心理念是几乎所有东西，从弹道导弹到公司的等级制度，再到政治进程，

---

[1] 托马斯·瑞德：《机器崛起》，王飞跃、王晓、郑心湖译，机械工业出版社，2017，第 38 页。
[2] 同上书，第 40 页。
[3] 同上书，第 41 页。

都能从功能上组织的反馈系统角度来设想和量化分析。"[1]

"冷战"、军工复合体,以及与之相关的"控制论""系统论",突破了单纯的军事计划与科技研究,被当作分析社会的隐喻。这导致计算机技术不仅是为中心化的命令、集中性的目标,更展现了造就这种技术的组织结构、权力关系。推而广之,社会的政治经济系统,同样受制于相应的中心结构与集中命令。这导致军工复合体、计算机的军事功能与文化隐喻,以及相关术语受到批判:计算机与社会系统以工具理性(手段-目的)为核心,大型组织与生产形式(包括福特主义的工厂制)压制了个人的自由表达与真实存在。甚至在1946年,经历过广岛和长崎的原子弹事件后,维纳在回绝波音公司的合作邀请的信中表现出反军国主义的立场,这封信后来以《一位科学家的叛变》为名刊登在《大西洋月刊》上。[2]

换言之,"冷战"中的全面对峙、军工业在经济活动中的渗透、由大型机构(组织)所主导的生产方式与管理形式,与福利国家和大型工厂制一道,成为社会压抑氛围的制造者。计算机由于自身的特殊性——既能中心化控制,又能开源与互联——从用于军事计划的大型计算设备,逐步演变为通信设备:符号操作、数据处理、信息收集等。计算机在功能上的个人化转向则被赋予多重内涵,如泰德·尼尔森所言:"计算机象征着自我掌控,因此应该用于探索和表达激情。"[3]

上述脉络简要勾勒出滋生与推动计算机(乃至早期互联网)发展

---

[1] Thomas Streeter, "Notes towards a Political History of the Internet 1950-1983," in *Media International Australia* 95, no.1: 137.
[2] 托马斯·瑞德:《机器崛起》,第34页。
[3] 托马斯·斯特里特:《网络效应》,王星译,华东师范大学出版社,2020,第103页。

的基础条件：军事目的、大型组织（军工复合体）、理论话语（控制论、信息论与工程学研究等）等。它们奠定了与计算机（数字技术）相关的文化图景，丰富其价值土壤，导致计算机技术本身及其价值内涵、计算机交互通信与军事指挥控制的调和，被用来孕育更广泛的社会文化与技术开发。

由此可见，在"冷战"的背景下，受大型机构与组织支持的计算机，在经历个人化转变（包括微型计算机、图像处理、办公工具等）的同时，还成为表达个体自由、个人价值与某种体验性诉求的关键，乃至被用于对抗社会政治经济组织的压制。如果说自我叙事是个人在集体目标和大型组织氛围中寻求解放的一种表达，那么基于个人计算机的发展，无论是相应的组织结构还是相关的理论话语，都成了自我叙事的对立面。这类对立在"冷战"酝酿出了战后的"反主流文化""五月风暴""反越战""嬉皮士""先锋艺术"等广义文化现象。与此同时，计算机的新功能与相关的理论话语也在更大的领域中得到应用，为自我叙事的扩展奠定了更广泛的基础。

2.2　先锋艺术、技术话语和改变社会

"冷战"时期，研发计算机等数字技术的机构组织主导着社会的发展面貌，相关技术的理论话语渗透当时的先锋艺术与文化领域。这一方面扩展了艺术中的自我叙事，另一方面也扩展了数字技术自身的话语想象。而当二者与 20 世纪六七十年代的社会文化思潮结合后，又被用来批判这些组织与话语自身，最终不仅为数字技术注入了价值内涵，

突显其在"当代（先锋艺术）"这一相对狭义的"审美"层面的运用，还为自我叙事更广泛的扩展奠定基础。

20世纪初的历史先锋艺术运动风起云涌。尽管从达达主义、超现实主义到构成主义等流派在风格与形式上各有差异——比如达达主义旨在唤醒批判性主体、超现实主义强调梦境与潜意识、未来派与构成主义热情支持新工业技术与政治意识形态；也无论在艺术与生活之二分层面、艺术（审美）之意义的语境来源，或者在对个人（私人）与集体（公共）、自律与他律看法上有多大差异，它们都显示出逻辑上的某种共通性：无一例外反对既有的艺术惯例，推崇艺术家主体所代表的原创性，以及奠定或与之相关的真实性与自主性。杜尚反叛艺术机构的既定筛选机制，其中就隐含着关于艺术之意义的狭隘规定，继而是对艺术家之真实表达、艺术之自由（自主）地位受到宰制的反叛。达达或超现实主义关于资本主义生产系统，或者更宽泛的文明（进步）对人的压抑的反叛，是为彰显人之存在的"真实性"诉求。

尽管并非所有先锋艺术实践都将矛头直接指向（如受到弗洛伊德启发的）人类文明本身，但它们中的绝大多数，都指向了由工业生产与现代资本主义造就的现代社会：工业革命引发的工厂制、分工明确的生产部门、关系分明的社会关系，将先前的传统生产与生活"连根拔起"，抛入等级分明、情感陌生且快速变化的现代生活[1]。因此，历史先锋派在呈现异化的现代生活与受压抑的现代心理状况的同时，

---

[1] 这种快速变化在波德莱尔或西美尔的论述中得到了直接体现，也反映在了诸如印象派的绘画中；其他还包括惠特曼、狄更斯等人的文学作品中，以及爱森斯坦与卓别林等人的电影中。

试图以批判性的艺术来实现人的解放性诉求：视觉感知上的凌乱之于日常生活的异化、主题与形式上的晦涩之于复杂的现代境况、丰富的形式与流派之于加速更迭的社会演变……最终，这些百花齐放的艺术表达，将个人从压抑的社会氛围中解放，保障人的自由、自主与真实性[1]。概言之，先锋艺术倚重的原创性、真实性、自主性，乃至独一性与艺术的自由等价值规范，通过先锋艺术与审美品味呈现为表达真实的自我叙事，并发挥着通过对抗社会而获得个人解放的意义。

到"冷战"时期，具有个人解放意义的自我叙事，通过与当时的信息通信技术及其话语的结合而得以扩展。一个典型表现是，历史先锋派的诉求在战后的新先锋派身上得到"复兴"。我们试以三个艺术案例来解释：以汉斯·哈克为代表的艺术家，在实践中融入了针对社会系统的批判——他也是全美媛所谓的"体制批判"模式的代表艺术家；与之相关的伯纳姆（Jack Burnham），因受到系统论的影响而提出了"系统美学"，其成为延续至今的许多科技艺术的基础；阿斯科特（Roy Ascott）则提出了控制论的艺术理论。

在这三者中，伯纳姆的美学主张不仅最为著名，还影响了哈克的艺术实践。伯纳姆既是一位从事动态雕塑与灯光装置的艺术家，也是一名研究者。他还与克吕弗（Billy Klüver）和凯普斯（Gyorgy Kepes）一道，被视为是 20 世纪 60 年代以后的"艺术与技术"运动的核心人物。伯纳姆提出的"系统美学"，直接引用来自军事与工程领域的系统思维。在他看来，"系统"不仅是技术话语中的构成要素，

---

[1] 关于这一点，波尔坦斯基做出了重要论述，见 Luc Boltanski and Eve Chiapello, *The New Spirit of Capitalism* (London and New York: Verso books, 2005)。

更是一种艺术媒介,例如,社会的经济系统可以被视为一种艺术媒介。而用"社会"来创作,不仅丰富了艺术的创作媒介和创作方法,还暗藏了艺术的功能和意义的转变,甚至影响后世,使艺术家们开始思考如何让艺术直接作用于社会。而汉斯·哈克是最早受此影响的当代艺术家之一。

汉斯·哈克在实践中将艺术的现实系统(包括博物馆、赞助人、展示空间与藏家等)视为艺术媒介,分析并调查了艺术世界所牵涉于其中的更广泛的社会"系统"。在全美媛的分析中,这是公共艺术在艺术演变逻辑中进行体制批判的一部分,即将对艺术的展示场域的批判性思考,扩展为对"展示""观看"乃至"艺术"之可能"条件"的反思。而支撑哈克这样去思考的关键却是伯纳姆所谓的"真实时间系统"。

"真实时间系统"相对于传统美学中的理想时间,就像第一章已经分析过的,在一幅抽象表现主义绘画或者现代主义雕塑面前,画框和底座限定了独立自主的艺术"灵韵"。它们与展示空间一道,将艺术与外在的真实世界分离,导致观者在经验和欣赏艺术时可以不顾真实时间的流逝,既不用关心现实社会的真实时间,也不受现实时间的审美影响,而是追随永恒的艺术规范,沉浸于这种理想的永恒时间之中。在传统艺术的理想时间中,艺术需要关于美的永恒沉思。[1]比如从文艺复兴以来就主宰着西方艺术之观看方式的透视法,便会以某个相对确定的视点或视角去观看作品。

与此不同,伯纳姆认为,真实的时间系统是动态变化的,会受到

---

[1] 前文分析过,弗雷德对极简主义的批判在很大程度上正是基于这种论述。

诸多环境要素的影响。就像他说的，"从环境中收集和处理材料，并在环境中即时影响未来的时间"[1]。所以无论什么媒介，都被用来系统性地回应当代社会的问题，回应宽泛的环境，这自然延伸出哈克逻辑中的艺术要对真实的世界"有用"。为此，哈克在许多作品中，直接运用真实的时间系统揭露真实的社会中的艺术与各系统之间"纠缠不清"的关系[2]。这表明艺术家寻求真实的艺术叙事，而这种叙事首先表现在个人自我与社会的结构关系上。受到系统压制的个人，必然反映在艺术的叙事上，反之亦然。

在伯纳姆引用系统论思维的同时，另一名艺术家则引用了与系统论相关的控制论，并结合信息理论的发展而加深了艺术家对具有个人解放意义的艺术叙事的追求。系统论、控制论和信息论，是信息通信技术发展的基础原理。控制论部分源于香农开创的信息理论，发展了一种预测源信息可被编码、传输、接受和解码的方法。按照控制论创始人之一维纳的说法，控制论发展了一个利用概率论来调节信息传输和反馈的科学方法，可以作为控制机械和生物系统，并导致自动化的手段。这种可介入和参与的过程启发了艺术家，他们提出，艺术必须在具有过程性或持续的审美经验中加以理解，包括持续的时间、运动和过程。例如受此影响的艺术家阿斯科特，1967年他在《行为与未来》（*Behaviourables and Futuribles*）中明确指出：

1　Jack Burnham, Real Time Systems, in *Artforum* (Sept. 1969): 50.
2　艺术属于社会系统，哈克由此提供了一种被许多艺术家运用的模式，包括 Guerilla Girls、Mark Lombardi 和 Mierle Ukeles 等；关于伯纳姆的影响可见 Claus Pias, "Hollerith 'Feathered Crystal': Art, Science, and Computing in the Era of Cybernetics," in *Grey Room* 29 (2007): 110-133。

> 当艺术是一种行为形式时,在创作领域,软件便比硬件更重要,过程在重要性上取代了成品,犹如系统取代了结构一样。[1]

这种过程、持续与动态的时间,犹如伯纳姆关于真实时间系统的看法,不再拘泥于传统的理想时间系统,而且更新了观看艺术的旧有方式,即将互动、参与和系统等理念置于核心。不过,阿斯科特这样做还有明确的也是更大的目的——他试图通过艺术改造文化模式,最终改变社会的观念和行为模式。概而言之,是为了让艺术作用于并直接改变社会:

> 随着人与人之间的反馈的增加,以及交流变得更加快速和精确,那么创作过程就不再是艺术作品的顶点,而是超越艺术作品,深入每个个体的生活。由此,艺术不是由单个艺术家的创造力所决定,而是通过囊括在其创作行为中的观众和整个社会所决定的……我们这个时代的艺术,倾向于发展一种控制论的观点,在这种观点中,反馈、对话和参与深层次的经验的创造性互动最为重要……控制论的精神比方法或应用科学更重要,它创造了一个经验和知识的连续体,从根本上重塑了我们的哲学,影响我们的

---

[1] Roy Ascott, "Behaviourables and Futuribles," in *Theories and Documents of Contemporary Art: A Sourcebook of Artists' Writings*, eds. Kristine Stiles and Peter Selz (Oakland: University of California Press, 1996), p.489;研究者认为,控制论与艺术有三重关系:控制论可被用来研究艺术、创作艺术作品,或者它自身被视为是一种艺术形式。可见 Michael Apter, "Cybernetics and Art," in *Leonardo* 2 (1969): 257-265。

行为，并扩展我们的思想。[1]

然而，就这些科学技术话语影响艺术家的历史背景来看，艺术与新的技术话语相结合并被用来改造文化和社会有着更具体的原因。这一方面源于年轻艺术家试图反抗既有艺术——尤其是现代主义艺术中的媒介特性（即要求媒介与媒介之间"泾渭分明"）；另一方面，是因为新的技术与话语暗含着针对压抑的社会结构、组织面貌与文化氛围的功能，而上述理论中有关社会的新理解，提供了基本的概念和思想工具，加之艺术家逐渐可以接触技术本身，便最终为改变社会注入了新的动力。

因此，信息通信技术话语启发的其他艺术家像维纳、伯纳姆或阿斯科特一样，将社会视为一个沟通的过程：社会本身及其过程可以作为一个对象，也可加以改变和革新。这一方面意味着信息通信技术可以被用来批判旧有的大型组织与社会系统，从而解放个人，一改数字技术原有的工具理性和军事功能；另一方面，这一过程和可能性还意味着，人可以通过艺术与文化而积极地参与社会改造。在此过程中，新的技术被赋予了新的功能，技术话语则拓宽了有关艺术和社会的理解范畴。而在它们的进一步交织过程中，艺术的基本话语、想象和叙事也影响了技术，使得技术实现或具有了自由与平等的价值内涵。技术的价值化，使得艺术中的个人叙事扩展为更广泛的审美意义上的个人叙事，并通过当时的社会文化、政治运动和经济发展渗透至今。

---

1 Roy Ascott, "The Cybernetic Stance: My Process and Purpose," in *Leonardo* 1 (1968): 106.（中译本收录于《艺术、人工智能与创造力：基础与批判文献》，张钟萄编，中国美术学院出版社，2024，第 235—236 页。）

2.3 从"反主流文化"到数字时代的个人叙事

"冷战"背景下的政治氛围和军事需求,为数字基础设施的发展奠定了基础条件,当时社会氛围,又使得相关的技术话语(系统论、控制论和信息论等)成为理解社会和艺术的新范式。技术条件和话语条件的结合,为艺术家提供了新的视野和期待,但这些新的面貌还融入了更广泛的社会变革之中——特别是20世纪60年代末,在美国和欧洲爆发的"反主流文化""五月风暴"和社会革命。这些社会变革本身又是"冷战"背景下经济、政治和文化的交织产物,不但催生了资本主义的新精神或新意识形态,还反映了新的生产形式。最终,导致其在宽泛的审美活动层面塑造着今日世界的普遍化自我叙事。

艺术与技术相交织的社会历史背景跟当时的社会氛围紧密相关。"二战"后,婴儿潮一代到60年代逐渐成年,他们长于"冷战"的全方位对峙下。军事计划引发的核焦虑、军工复合体与石油危机带来的未来就业问题,以及大型组织背后的官僚体系,成为婴儿潮一代的成长的烦恼。在此背景下,美国的年轻人发起了两场有所重叠却也各有不同的运动:一是所谓的民权运动和言论自由运动,也被称为"新左派";二是从"冷战"时期的各种文化中吸取营养而爆发的"反主流文化"运动。按照历史学家特纳的说法,这两场运动最大的不同表现为前者是向外反抗的政治运动;后者是向内反抗的文化运动,例如通过性、迷幻药、音乐以及艺术,来反抗"冷战"时期压抑的社会与文化氛围,建立一个平等的乌托邦。我们甚至可以说,反主流文化的消极动机是逃避冷战时期压抑的中产文化,而积极动机或价值诉求是建立一个平等的王国。因此,反主流文化不只是抵制"冷战"下的社会状况,也有自主的价值诉求和社会抱负。就后者来看,前文讨论的由早期数字基础设施提供的论述话语为之奠定了基础条件,就像特纳所言:"控制论和系统论提供了一种意识形态选择。"[1]

如前所述,控制论和系统论表达了一种去中心化的技术可能性,它让原先处于具有压抑性等级化结构的社会氛围,成为可以流动的社会想象。个体的参与不是自上而下的单向排列,而是具有反馈性质的,系统则受部分之间的调节的影响。因此,对于当时的艺术家来说,作为一种文化(艺术)话语,系统论与控制论通过表现出去中心化、自主、自由与平等的"个人叙事"特征,可以扩展到更广义的社会文化范围。这一方面改变或反映在了此后互联网文化的"感觉结构":一个关键要素是基于浪漫主义的个人主义概念,基于一种表现的、探索的、美化的个人概念,而非计算的、在传统理论中将快乐最大化的功利主义式的个人特征[2];另一方面,系统论与控制论也为互联网经济,或者说为"信息-符号"与数据生产铺平道路。诸如人人平等和共同参与的数字文化和在线社区,与"反主流文化"的价值主张直接相关。最终,在计算机和后续的互联网文化中,去中心化、开源、个体的独立自主等,预示着个人叙事的关键表述,既是数字乌托邦的自主表达,也是反主流文化运动和上述先锋艺术的个人叙事的核心诉求。

信息通信技术的价值化,加之此后的大众消费群体的发展、"信息-符号"经济的崛起,进一步确立了数字技术的经济生产功能;另一方面,

---

1 弗雷德·特纳:《数字乌托邦》,张行舟、王芳等译,电子工业出版社,2013,第30页。
2 关于网络自由主义,以及20世纪90年代的计算机文化与政治、商业的表现,可见 Thomas Streeter, "The Internet as a structure of feeling: 1992-1996," *Internet Histories* 1 (Jan.2017): 79-89。

也导致了与数字技术相关的审美活动崭露头角。诞生于"冷战"背景以及大型组织的计算机和互联网,曾经主要发挥军事与工程功能,不仅是军国主义的象征,更是社会的压抑性氛围的始作俑者。诸如哈拉维(Donna J. Haraway)这样的后现代主义者,对源自计算机文化的赛博格提出尖锐批判,认为它们是军国主义和父权资本主义的私生子[1]。但数字技术却在发展进程中,通过人机的交互体验而发挥娱乐功能,相关的话语论述也在用于更广泛的社会文化领域后,被赋予改变社会乃至建构乌托邦的价值图景[2]。

可以说,原本仅仅具有工具理性、发挥军事通信功能的数字技术,被注入具有人文价值的社会理想:计算机与互联网甚至被认为是"开放""自由""平等"等进步价值的技术等价物,继而重新将技术价值化。与此相应的还包括:战后的科层化组织管理,变成网状的关系网络;全球竞争与受到信息通信网络推动的跨国企业,不断吸收主张个人真实性、个人事项,以及有更多参与的工作模式;利用信息通信网建立起一个以信息符号、流动性与去物质化生产/消费为核心的网络信息社会——拥抱视觉文化、不断改变、信息消费与信息劳工变得越发重要[3]。

---

[1] 哈拉维在《赛博格宣言》中也指出了赛博格与军工业、福利国家的关系,见唐娜·哈拉维:《类人猿、赛博格和女人》,陈静译,河南大学出版社,2016,第312页及以后。
[2] 关于计算机的社会想象可见:Patrice Flichy, *The Internet Imaginaire* (Cambridge: The MIT Press, 2007); Thomas Streeter, "That Deep Romantic Chasm: Libertarianism, Neoliberalism, and the Computer Culture," in *Communication, Citizenship and Social Policy: Re-Thinking the Limits of the Welfare State*, eds. Andrew Calabrese and Jean-Claude Burgelman (Washington: Rowman & Littlefield, 1999), pp.49-64。
[3] Manuel Castells, *The Rise of the Network Society* (New Jersey: Blackwell, 1996), p.199.

在大的经济语境下，随着西方社会进入资本主义的新阶段，"后工业社会"使得社会生产和生活从原有的机械化、中心化状态，转变为信息化、去中心化和网络化状态。在"反主流文化运动"中，计算机技术在很大程度上被认为符合乃至有助于这种新阶段的形成。只不过对运动参与者来说，他们更多看中计算机技术所具有的"解放"功能——促进个人化和个人的自由与自主。正因为计算机和网络技术具有促进社会变革的"解放"功能，它才被赋予合法性。但归根结底，"合法性"源自这种技术"满足"和"符合"了"反主流文化"运动，以及艺术批判背后的个人主义伦理价值观——自由、自主性和真实性，符合了它背后的社会精神。借用费歇尔的话说：在资本主义的福特主义阶段，技术话语赞美技术有能力通过减轻资本主义的剥削性质，来提升保障、稳定性和平等这类社会目标；在后福特主义时代，技术话语赞美的是技术有能力提升个人赋权、真实性和创造力等个人目标，这减轻了资本主义的异化性质[1]。

这说明在后工业社会，大众消费群体、"信息-符号"经济以及数字技术的价值化，不仅是数字技术本身的变化，更是这种变化背后的结构与精神发生了变化：数字技术的话语论述构成一系列的符号形

---

[1] 费歇尔对技术作为资本主义的合法话语给出了一个更详尽的分析，见 Eran Fisher, *Media and New Capitalism in the Digital Age* (New York: Palgrave Macmillan, 2010), pp.219-221。

式和意义，包括去管制化和后福特主义的发展合法化[1]。计算机和互联网等数字技术既改变了市场、生产与社会生活，也通过自我叙事的扩展而改变了人们的自我理解。

技术、艺术和政治经济的结合，使得这种自我理解在后工业或信息社会的转变过程中，呈现出以自由通信、平等表达、即时参与、个人表现、去中心化乃至相互合作等今日数字时代的日常行为、生活与审美特征，它们在新世纪以来的所谓 Web2.0 与社交媒体时代表现得更为强劲。但如前所述，奠定它们的文化逻辑、技术条件乃至经济基础的，却是前一阶段发展的自然延伸。但这种转变也反映了资本主义更为关键的生产转型：将人的非物质要素作为生产之源，借此解决无限生产与有限资源之间的矛盾。换言之，资本积累和生产模式转向非物质生产，其根源是寻求源源不断的生产资料，而此时，资本的积累和生产不仅强调创意内容的无限性（即取之不尽的"原创性"），更重要的是"差异性"成了无限的资源（即用之不竭的"真实性"）。因此，在后来的数字社会中，个人数据，再加上个人数据与个人数据之间的排列组合，如身体健康、感情指数乃至购物心愿清单，所有这些属于不同单个个体的"真实性"，都成了无限资源和无限生产之源。用更简单的话说，个性化和真实性统统被商品化，而个人数据是最直接的个性化和真实

---

[1] Katharine Sarikakis and Daya Thussu, "The internet as ideology," in *Ideologies of the Internet*, eds. Katharine Sarikakis and Daya Thussu (New York: Hampton Press, 2005), pp.1-16; Eran Fisher, "Contemporary Technology Discourse and the Legitimation of Capitalism," in *European Journal of Social Theory* 13, no.2: pp.229-252.

Eran Fisher, *Media and New Capitalism in the Digital Age*, (London: Palgrave Macmillan, 2010).

性表现[1]。

　　从文化形式来说,广泛的在线参与不仅是数字时代的社交模式,例如踊跃地自我表达与互动,继而构成社交媒体中的基本行为"准则":随时分享、点赞转发、留言评论等;也是内容的生产与传播方式;更是商业模式,诸如 Youtube 这类视频网站,明确强调用户的参与是其核心的商业模式[2]。从生产模式看,身为平等参与的用户不仅是用户,更不仅是单纯的消费者,而是产销合一者:公众是以前所未有的方式制造、共享、重塑和混合媒体内容的人。借用范·迪克更直白的话说,这种参与式文化的结果,是越发要求普通用户用媒体技术来表达自己,并以他们认为合适的方式传播他们的创造物,而这些技术曾经是资本集中型工业的特权[3]。

　　最终,在第二次世界大战前后,军事和"冷战"对抗背景下蓬勃发展的计算机和早期网络技术,在经历艺术、技术和政治经济的多重社会变迁下,形成了日常生活中的数字基础设施。然而,这些数字技术却是以前所未有的方式推动,或者不如说实现了先锋艺术与"反主

---

[1] 卡斯特尔提出"信息主义精神",提供了一种证成信息资本主义的意识形态,拥抱视觉文化,不断改变。这里的价值观具有类似效果。见 Castells, *The Rise of the Network Society*, p.199。

[2] Marisol Sandoval, "Participation (un)limited: Social media and the prospects of a common culture," in *The Routledge Companion to Global Popular Culture*, eds. Tony Miller (London and New York: Routledge, 2015), p.72.

[3] José van Dijck, "Jose Users Like You? Theorizing Agency in User—Generated Content," in *Media, Culture & Society* 31, no.1 (2009): 42-43; Van Dijck and Nieborg, "Wikinomics and its discontents: A critical analysis of Web 2.0 business manifestos," in *New Media & Society* 11, no.4 (2009): 855; Henry Jenkins Sam Ford and Joshua Green., *Spreadable Media: Creating Value and Meaning in a Networked Culture* (New York: New York University Press, 2013).

流文化"运动在"冷战"时期的基本诉求：平等参与、自主表达，展现不受约束的个人真实性——即社交媒体与自媒体中的文字表达、图像展示、关于道德与公共事件的个人看法、在线社群与在线社交中的社会关系与私人经验。这一系列日常举动形成了以图像（影音）、文字与关系网络为载体的文化表征，并构成了关于个人形象、个人品味、个人记忆，以及个人价值的叙事框架。可以说，曾经更多局限在狭义层面的审美活动（即先锋艺术中的"自我叙事"）扩展到个人用户但凡拥有一部手机与联网端口就能完成的更普遍的范围，形成"普遍化的自我叙事"。

2.4　自我-批判性叙事与技术审美化的低层价值

前述分析表明，与艺术和文化相关的审美化，在技术的演变过程中发挥了重要作用，使得数字基础设施日渐形成新的生产结构。而审美化与技术化的结合，源于它们在价值层面的类同性，就像导论所述，艺术与技术领域的变迁，暗含了通过主体维度而表现出来的价值诉求的影响。无论是20世纪中后期以来的技术演变，还是与此同期的艺术变迁，都跟此前孕育出这种价值诉求但更漫长的社会变革相关。

在战后的艺术语境中，源自先锋艺术的交互参与就其在极简雕塑时的开端而言，是先锋艺术以"艺术批判"来革新艺术和审视社会状况的一部分。所谓的"艺术批判"，原本源于知识分子和艺术圈。根据法国社会学家波尔坦斯基（Luc Boltanski）和希亚佩洛（Eve Chiapello）的说法，艺术批判是针对资本主义的两种批判之一（另一种是以工人和街头运动为主的"社会批判")[1]。它们可以追溯到19世纪现代资本主义逐渐发达后,尤其是波西米亚生活方式在巴黎兴起之时。当现代资本主义破坏乃至瓦解了传统的经济生产模式后,标准化和一般化的工厂生产严重影响了人类的自由、真实性、创造力。艺术家和知识分子由此掀起了对资本主义的批判。

这种批判的艺术谱系从德国表现主义、达达主义、未来主义、超现实主义等,延续到战后的先锋派运动,包括激浪派、观念艺术、情境主义、贫穷艺术以及本章讨论过的体制批判艺术等。根据这两位社会学家的论述,现代资本主义实际上对应着两种"解放",首先是资本主义在以工厂模式为主的阶段(主要是19世纪中后期到20世纪上半期),将民众和劳动力从原有的家庭作坊和地域局限之中解放出来,民众进入逐渐兴起的现代城市、现代市场和现代工厂。

然而,资本主义在将民众从原有的生产和生活模式中解放出来的同时,又把他们推入新的压迫和奴役之中,如普遍工厂制的不稳定状态、劳动异化和集体缺失。因此出现了大量批判工业资本主义的艺术作品和理论,如卓别林的电影和马克思主义理论。在相应的"社会批判"层面,出现了大量要求制度公平和分配公平、改善工薪阶级生活条件、建立保障体制,乃至福利国家的社会运动。而随着福利国家的建立,又掀起了另一种寻求解放的诉求(主要在20世纪中后期),因为福利国家引发了关于资本与国家相结合的批判。批评者认为,二者的结合限制了个人的自主性,福特主义中的等级制制约了创造力、标准化和

---

[1] Luc Boltanski and Eve Chiapello, *The New Spirit of Capitalism*, trans. Gregory Elliott (London and New York: Verso, 2005).

规模化的生产和消费模式，更破坏了人的真实性（或本真性）。

因此，"艺术批判"和"社会批判"开始寻求第二种"解放"，包括更自由的工作环境、更具弹性的组织结构、更自主的能力发挥，以及从性别、种族和等级上寻求平等和自由。无论是第一次解放还是第二次解放，艺术批判的基本诉求都是个人主义式的：要么主张个人从传统的生活和生产机制中解放出来；要么从新近的压迫机制中解放出来。最终表现为更加自主、强调个体自由和平等的个人主义。反映在价值观上，便是将自由、自主性和真实性视为不可撼动的"价值"。在涉及"参与"的艺术实践中，这些价值诉求既反映在了赋权给观众的项目中，也表现为艺术家的创作诉求。艺术家哈克试图反抗资本主义的政治经济系统对艺术家自主性和真实性的压制。可以说，"艺术批判"的诉求反映了整个时代的基本价值取向。它不仅渗透了文化艺术领域，在一定程度上塑造了人的行为模式，还影响了技术的发展。诚如前文表明的，它促进了信息通信和网络技术的价值化。

通过前述脉络可以发现，艺术中的"自我叙事"，在与数字技术相结合的情况下，成了"普遍化的自我叙事"，同时导致数字基础设施因其价值属性而具有合法性。这表明了数字技术在今日的发展演变与主体维度紧密相关。然而数字技术与主体的关系的演变还是更大的社会历史结构变迁中的重要组成。

如前所述，先锋艺术与反主流文化中的主张不断扩大其影响范围，为社会生产关系、生产结构与生产力的变迁提供了新的可能性。尽管社会的结构转型更多涉及美国与欧洲，但转型后的附带效应（例如资本主义的"新精神"）却已席卷全球，这正是我们在互联网文化与数字时代看到"普遍化的自我叙事"并不拘泥于特定物理边界的重要原因。

有社会学家提出：这种结构转型在西方社会是普遍性的，是组织化资本主义终结的一种表现；而且这种社会结构转型，还为技术走向环境化的治理奠定了基础。

借助社会学家拉什和厄里的分析来看，20世纪中后期，西方社会出现结构转型有三个原因或平行过程：其一是单一民族社会已经屈从于自上而下的种种国际化过程，包括新的经济组织（全球分工、非一国市场）、国际整体结构的新发展，以及超越单个民族社会的娱乐、文化形式的发展；其二，种种"无中心"的过程在某种意义上自下而上，而非自上而下地损坏这些国际社会的基础。过去曾在每个民族社会产生一个特别空间定位的诸多关键行业、阶级和城市的中心结构和过程已被改变；其三，服务阶级的崛起，在某种意义上从内部改变了这类社会。[1]概而言之，一种非组织化的进程不仅攻击了旧有的阶级划分、劳资关系、组织力量，而且从文化上改变了社会面貌："工人阶级集体性的分崩离析。但集体性的分崩离析也是一个文化问题。"[2]

当传统的工人阶级、组织力量以及集体性瓦解后，一方面服务阶级兴起，如伴随着计算机与互联网技术而生的信息劳工、创意阶层；另一方面，新的政治和一系列的多元价值观出现：绿党、女性主义团体、反核组织、生态运动等，它们都倾向于非集权、非大型组织，反对中央的协调，以至于在文化上打破以一套更稳定的文化形式为中心的组织化资本主义必然性的模式，但更重要的结果如前所述：

---

[1] 斯科特·拉什、约翰·厄里：《组织化资本主义的终结》，征庚圣、袁志田译，江苏人民出版社，2001，第394—395页。
[2] 同上书，第375页。

> 有组织的资本主义消亡后,随之而来的自反性工人阶级以三种方式与信息和交流结构相联系:作为新近个体化的消费者,作为生产信息化手段(如计算机数字控制工具)的使用者,以及作为在信息和交流结构内部起生产和消费手段作用的消费物资和生产物资(如电视机、传真机、光缆)的生产者。[1]

这不仅表明个体的生产与消费、非组织化的生产与消费关系、多元化的价值观,借由数字技术的高速发展而在审美活动上表现为更为强劲的普遍化自我叙事:一种透过审美而表现出的网络化个人主义,其特征表现为个人"利用所掌握的丰富的通讯网络扩大自己的社会性。但他们是有选择地进行,他们根据自己的喜好和规划构建自己的文化世界,并据个人的兴趣和价值观来修改"[2]。也就是说,组织化资本主义之终结所暗含的社会转型,与自我叙事的扩展实为一体两面。

然而,自我叙事的扩展又反哺了组织化资本主义终结后的新生产:大量的个人数据、不断的在线传输、各不相同的个人经验,它们在某种意义上实现了先锋艺术与反主流文化的根本诉求:原创性、自主性与真实性,也构成了数据生产的基本准则——越是自主、原创和真实的信息符号,越具有堆叠数据库的增值功能,越能通过大数据库收编个人与个人、个人与集体、集体与集体之间的差异。与其说数字时代的审美活动体现了组织化资本主义的终结,不如说它开启了一个(如今被以各种表述批判的)新阶段:信息资本主义、大数据资本主义、

---

[1] 拉什:《组织化资本主义的终结》,第161页。
[2] Manuel Castells, *Communication Power* (Oxford: Oxford University Press, 2009), p.121.

平台资本主义、监控资本主义和算法资本主义等。这一新的阶段是治理的环境化的结果,而治理的环境化与自我叙事的扩展相关。

作为与上述社会结构转型相关的自我叙事也早已受到社会学家的关注。鲍曼曾在关于"流动的现代性"的研究中有过批判性的论述。鲍曼认为,在流动的现代性语境下,自我的理解变得极为不同。以身份与个体化为例,在早期现代性中,身份问题可以依靠作为承袭而来的具有社会归属的"家庭出身"解决;然而,当这种以"家庭出身"为代表的身份谱系(包括阶级、地域、社群等)被视为禁锢自由的"系统性"障碍后,相关的"大型组织"在福特主义、结构主义、福利国家、组织化资本主义、凯恩斯主义、集体主义、工人阶级等语境下,统统遭到批判,取而代之者,被鲍曼一针见血地指出:

> 一旦僵化的社会等级结构被打破,那么摆在现代时代早期的男人和女人们面前的'自我认定'任务,就意味着过一种'名副其实的生活的挑战'(赶上时髦,向左邻右舍看齐),与正在形成的被阶级限制的社会类型和行为模式保持一致,模仿他们,遵循这种生活方式,适应这个阶层的文化,不要掉队,也不要违背它的规则……社会阶层必须是加入进去的,而且成员必须连续地在一天一天的行为中更新、再确认并得到检验[1]。

因此,随着数字基础设施的大面积使用,从审美经验的实时更新、

---

[1] 齐格蒙特·鲍曼:《流动的现代性》,欧阳景根译,中国人民大学出版社,2018,第71—72页。

热情分享、积极参与，其内容从个人的情感状态、财务状况，到成长、社交以及消费数据，全都被打包进厚重而又细分的"自我叙事"。无论我们将这种自我叙事看作是自我表现、自我呈现或是自我设计，"自我"都已变成一个既是自己建构而成的主体，也是被用于建构的客体：我不仅是对自己的存在感兴趣，而且对人类感兴趣——他们是唯一可能的旁观者。

除此之外，自我叙事的扩展空间不仅是一个私人空间，更是一个准公共空间。它无所不容、席卷一切，会发生在饭店、咖啡厅、美术馆中，也出现在雪地、森林或夜幕里。作为自我叙事的内容，它们发挥着建构作用，在客体层面，则是与人沟通互动的展示空间。

但鲍曼批判道：这类与人相结合的现象是"没有结果的联系"[1]。从共同体的意义看，这些在线社群也好，虚拟结合也罢，都符合鲍曼所谓的"衣帽间式的共同体"："需要有一个公开展示的场面，来吸引在其他方面毫不相干的个体之蛰伏的相似兴趣，当其他那些把他们分开而非聚合起来的兴趣暂时被压制起来或被搁置一旁时，能在一段时间里把他们聚集在一起。"[2]

信息或数据的批判者还提出，由于这些结合的现象，平台与关系网被平台与数据资本操控，"自我"变成了数据库——主体在个人叙事与智能设备的协助下，不断生产、收集和分析个人数据。自我叙事中的数据更不断与平台、互联网服务商互动，被它们筛选，因而这种

---

[1] 齐格蒙特·鲍曼：《共同体》，欧阳景根译，江苏人民出版社，2003，第 81 页。
[2] 齐格蒙特·鲍曼：《流动的现代性》，欧阳景根译，中国人民大学出版社，2018，第 326 页。

自我叙事被认为是模糊了控制与自我控制的边界。技术专家伊恩·博格斯特甚至直接提出"超就业"概念，来描述由互联生活所引发的持续行动和焦虑。[1] 无论何时，扩展的自我叙事都在发挥生产功能。

概言之，组织化资本主义的终结并不意味着结构的终结，换言之，控制、生产与交往结构正以一种更加隐蔽的方式运作。在数字信息时代，我们的工作、娱乐与社会活动变得更加社会化，要求更多且更复杂的交流，更加网络化，甚至于独自工作已经不再是可选项[2]。在这种控制与自我控制的博弈中，我们越是相互联系，便越是意识到这种联系的重要性；社会性在自我的理解中所扮演的角色就越重要。艺术通过自我叙事寻求开放性，并与环境相结合；但艺术中的自我叙事与技术的发展相结合，推动了普遍化的自我叙事，并影响到技术本身的价值化，这又进一步扩展了自我叙事。这在数字基础设施愈发完善的状况下，实现了新的技术形态，即一种主体参与其中的技术环境。不过，这种技术环境还是一种新的环境性治理模式，推动了更多的艺术家的反思。

1　Ian Bogost, *The Geek's Chihuahua: Living with Apple* (Minnesota: University of Minnesota Press, 2015).
2　Andrew Ross, "In Search of the Lost Paycheck," in *Digital Labor: The Internet as Factory and Playground*, eds. Trebor Scholz (London and New York: Routledge, 2013), pp.13-24；亦见菲利克斯·斯塔尔德：《数字状况》，张钟萄译，中国美术学院出版社，2023。

第三章　生态转向：走向环境的艺术与主体

第二章表明，自20世纪60年代以来，以信息通信技术为主的新技术发展影响着延续至今的技术现实，形成了建立在数字基础设施上的社会面貌。在这个过程中，艺术的变迁在价值和合法性维度推动了新的技术形态形成。然而，技术形态也在其中影响了艺术的形态，除了艺术的意义走向环境，艺术的关注点也在扩展，包括走向技术环境，与新的技术媒介相结合，推动了相关的艺术阐释框架的更新。特别是，在前述技术与艺术变革最为激烈的阶段，阐释的方式也发生变化。

自20世纪中期以来，现代美学的叙事框架已不足以解释当时复杂的艺术变迁。当谈论美学时，人们在很大程度上是在谈论现代美学，它与现代主体的阐释（权）、意义结构、感知-判断能力密切相关，美学也被一些主要的理论家视为相对独立于认识、伦理和现实世界之外的一个自主领域。不过，技术的发展使得美学的所谓独立领域遭到越来越明显的"侵蚀"：技术不仅直接介入了艺术的构成、呈现和意义表达方式，有关技术的论述还发挥着阐释艺术的作用。在这种状况下，技术和与之相关的话语逐渐被引入了一种新的阐释方向，二者的交织意味着艺术和技术的语境均在扩展，进而突破了所谓的"自主"的独立领域。这种变化表现在当代西方几条主导性艺术阐释路径中，它们相互关联也同中有异，特别是在面对技术环境形成过程中的变革时，出现了明显的分歧。

其中，最显著的表现之一是20世纪中期兴起的"跨媒介"艺术，包括艺术与信息通信技术、科学研究以及技术应用的结合，"科技"在艺术与美学中究竟扮演什么角色成为一个显著的问题。基于科技的"跨媒介"艺术从此时开始进入艺术的主流视野，与之相关的论述也出现了三条带有分歧的路径。因此，本章将首先以"跨媒介"艺术为对象，通过概述与之相关的基本分析路径，来表明艺术和技术语境在不断地拓展其边界：艺术的环境化，或者说艺术的意义需要考虑环境性维度，即更大的语境。其次，艺术意义的扩展一方面表现为艺术的环境化或语境化，另一方面，还意味着确立其意义的现代美学的阐释学主体也在发生变化。这种变化是走向环境所预示的生态转向和后续的后人类主义的关键。而在此过程中，贝特森的生态学思想既是艺术走向环境并扩展其意义的基础，也是开启主体与技术环境相结合、继而走向后人类状况的关键，具有历史转折意义。因此，本章后半部分会基于贝特森的思想论述其后的生态转向：在数字生态形成过程中的主体与技术环境的变迁。

3.1 跨媒介艺术及其美学叙事

20世纪60年代以后，技术环境已在逐步形成的过程中。此时的艺术阐释仍然主要与现代美学及其变迁相关。如前所述，极简雕塑已经提出了对于现代美学的异议，并以身体感知、行为表演以及录像技术等来扩展雕塑的基本构成。与此同时，激浪派（Fluxus）的艺术家希金斯（Dick Higgins）观察了从战后废墟中成长起来的欧洲艺术近十年，才提笔行文，一连两篇阐述一个并非崭新的现象：其先声有先驱实践的视觉艺术家、行文诡谲的作家、探索形式的舞者,也有实验音乐的"怪人"。如果用一个类同的原则概括它们,可以说是反商业的意志,加之打破艺术与日常现实之边界的先锋派传统。这引发了希金斯革新艺术的冲动。

在历经了种种之后,希金斯从诗人柯勒律治的手中借来了"跨媒介"(intermedia)一词,用来命名大量游荡于各种现有范畴之间和无名之地的艺术实践。琼(Joe Jone)在实践动态作品(Kinetic),菲力乌(Robert Filliou)想突破实验诗歌,而凯奇(John Cage)和科勒(Philip Corner)正沉迷于音乐和哲学间的林中小路;当奥登伯格(Claes Oldenburg)摇摆于雕塑和汉堡或爱斯基摩派之间时,卡普罗(Allan Kaprow)和沃斯特尔(Wolf Vostell)早就从绘画转向了拼贴画——他们掀起了一股跨媒介的热潮,形成了后世熟知的艺术形式。然而,对跨媒介的阐释也出现了分歧。

跨媒介艺术不仅挑战了现代美学的阐释效力,还改写了其阐释范围。对此,我们可以借由与跨媒介相关的三条基本分析路径来解释。它们分别是:(1)以现代美学的当代论述为代表的分析,将科技的变革置于艺术更新的背景中,主张艺术中新出现的"跨媒介"形态是现代性变迁在感性机制层面的表现或结果;(2)以主张基于媒介特性的现代主义艺术理论家为代表的批判,他们认为跨媒介暗含着由技术引发的时间问题,并损及艺术本身;(3)从其他侧重物质基础的多元叙事角度分析跨媒介艺术,这在现代美学的阐释框架之外,提供了理解技术环境中的艺术形态的方式。

前文曾引用了美国批评家福斯特提出的"反美学"论述,他借此评析后现代主义艺术形态。与此相关的还有著名的法国当代哲学家朗西埃，他跟福斯特类似，均以"美学"或"反美学"来论证现代艺术与当代艺术的变迁。他们在现代性大背景下考察了科技与艺术变迁的关系，其中虽然不乏科技要素，但这并非他们的关注重点。而且，朗西埃还将福斯特的分析纳入到自己的论述框架中。朗西埃指出，我们可以在迄今为止的艺术表达中，发现两种对现代美学的不满，福斯特归纳的"反美学"正是其一，即不满于现代美学中有限制和有条件的作品[1]。福斯特认为，以后现代主义为主的反美学策略是为了解构现代主义，将之拆开并重写，而这源自现代性的危机，它出自外部，也关乎文化的内部决裂。

在罗莎琳·克劳斯讨论的扩展了领域的雕塑中，雕塑从媒介的演变扩展为涉及关系性的文化领域之变[2]。这种扩展的领域表现在艺术家因商业化的艺术结构而逃离既有的艺术界。例如罗伯特·史密森与土地开发商合作，不仅拓展了媒介的范围，也在跨领域层面探究了新的艺术语境；或者如前文分析过的汉斯·哈克，他推动了体制批判的场域转型，但在他的创作方法和观念中，一个关键转折是他从生物系统转向了艺术背后的政治经济和社会系统。哈克原本受到系统论的影响，引入生物媒介是为了在美术馆中呈现展示空间与生物或自然要素的关系，后来逐渐拓宽范围，将自然要素拓宽至展示空间和展示条件的社会要素。

实际上，全美媛分析的场域转型的脉络与反美学一样，延续到了

---

[1] Paul Mattick, "Aesthetics and Anti-Aesthetics in the Visual Arts," in *Journal of Aesthetics and Art Criticism* 51, no.2 (1991): pp.253-59.
[2] 罗莎琳·克劳斯：《前卫的原创性及其他现代主义神话》，周文姬、路珏译，江苏凤凰美术出版社，2015，第 224—232 页。

20世纪晚期的艺术实践中。场域的转型是反美学策略的视角表达，它们同属于20世纪中后期的艺术的新形态。因此，无论是场域的转型还是"反美学"，其常见议题均扩展到了有关政治、身份、移民和种族等问题上，并由苏珊·蕾西以所谓的"新型公共艺术"[1]加以归纳。

在朗西埃的论述中，这些都是对现代美学的一种不满。朗西埃所谓的另一种不满，是指还有一些人认为，通过美学实现政治解放已不复可能，美学或审美不再具有政治性，因而利奥塔（Jean-François Lyotard）和巴迪欧（Alain Badiou）等哲学家提出了"先锋艺术之死"。但朗西埃认为，这是存在于艺术史和哲学中的一种态度，即试图将艺术的诉求从社会和乌托邦目标中解放出来[2]。

不同于此，朗西埃认为，在"感性机制"中，艺术或感性的表达本身就体现了解放与平等：艺术可以自由地呈现任何主题——无论是否维系社会秩序，尤其是感性机制中的政治性意味在于是否任何人可以在任何类型中为任何受众使用任何主题。朗西埃借助感性机制保障了艺术与政治的同构性，从艺术的可能功能与价值基底，论证艺术主题及媒介范围的扩展。因此，朗西埃并不愿意放弃艺术的政治解放目标，虽然无论哪种不满，都构成了一种"伟大的反美学共识"[3]。最终，朗西埃在政治基于共识的地方提出"歧义"，通过指出政治和美学解放的可能性，来超越美学极其不满的问题[4]。

1　Suzzane Lacy (eds), *Mapping the Terrain: New Genre Public Art* (Seattle: Bay Press, 1995).
2　Jacques Rancière, *Aesthetics and Its Discontents*, trans. Steven Corcoran (Cambridge: Polity, 2009), p.21.
3　Rancière, *Aesthetics and Its Discontents*, p.64.
4　雅克·朗西埃：《歧义》，刘纪蕙、林淑芬等译，西北大学出版社，2015，第63页。

在朗西埃极富洞见的论述中,政治与美学是感性这枚硬币的两面。无论是美学还是反美学实践,都一方面与先锋艺术相关,另一方面关联至政治。不过,跨媒介在这种叙事中并非核心要素,而是"感性机制",或者更准确地说,是围绕"美学"与感受力之变而突显的形式表达、物质呈现或方法实践。朗西埃给出了围绕"感性"这一核心概念的美学叙事框架,但并未将注意力过多停留在物质现实的变迁上。与此类似,以格林伯格式现代主义为代表的叙事,也将物质现实的变迁置于背景层面。

在现代主义的主导性艺术叙事中,尽管科技因素已经被认为波及艺术的跨媒介实践,但它仍然只是其叙事中的一个潜在变量。诚如前述,在论述极简雕塑时,迈克尔·弗雷德以"剧场"为隐喻批判其中暗含的新的艺术经验模式。弗雷德认为,极简雕塑等作品将观者的在场性纳入作品,实际是将一种绵延的、持续的时间结构或经验融入其中。这一方面打破了艺术作品的自主性,另一方面,威胁到了每种艺术媒介的纯粹性。极简雕塑与观众拥有同一个时空环境,导致作品更像剧场而非雕塑。从根本上讲,弗雷德的论点建立在"时间性"概念上:极简雕塑不是存在于一个超然的时间,以及以底座或画框为标志的场所中,而是回应周围的环境,要求观者直接在场。它们违背了弗雷德所认为的,超然的瞬时性才是观看视觉艺术的适当条件(见第一章)。

弗雷德的批判不断引发回响,但这种批判本身仍然围绕现代美学中保持艺术自主性的基本论调展开。直到帕梅拉·李(Pamela M. Lee)借由"时间恐惧症"(chronophobia)指出此类批判中的另一重要维度:它面对的论敌不只是以极简雕塑为代表的艺术更新,还有艺术中受技术影响的时间之变。帕梅拉·李提出,在"剧场性"批判、在场及其时间隐喻的背后,暗藏着一股强大的历史洪流,这表现为艺术关注时间与技术的关系。李将这股洪流转换为(艺术中的)时间之变与技术之变的同构性:"时间既是主体性的,也是结构性的固定设备,还是一份困扰……"[1] 换言之,弗雷德们面对的是技术及其时间对艺术(及其时间)的入侵,而他们"恐惧时间"的深层原因,源自永恒在场、恒定、也没有结论的时间感。

不过,帕梅拉在分析中放大了语境,认为这种"时间恐惧"源自1967年那已经被信息技术所渗透的日常生活。弗雷德试图避开技术以保护艺术,试图在腐败的文化中,保留激进批判传统的火种。因此,所谓的"恐惧时间",是恐惧媒介与媒介、观者与艺术,以及与艺术制造者的世界相混淆或交叉污染——观者的在场性构建出一个剧场。这种批判意识,潜在地吸收了现代美学对技术异化的批判。换言之,在现代美学的叙述框架中,科技和物质要素是因其对艺术更新的消极影响,才被纳入有关跨媒介艺术的叙事范围中的。可见,对于讨论技术环境中的艺术形态而言,科技媒介在现代美学框架下是以"破坏者"的角色出现的。

面对技术环境中的艺术形态,上述两种分析方式要么不太在意技术现实,要么关注技术现实对艺术的破坏性影响。这些讨论并未从技术与艺术的内生关系维度考虑二者的关系。因此,与上述路径有最大差异的分析方式,是明确地关注物质或技术现实的变迁,这包括几个并不具有因果关系的重要方向。其一与现代美学有关,但更直接地从

1　Pamela M.Lee, *Chronophobia: On Time in the Art of the 1960s* (Cambridge: The MIT Press, 2004), p.7.

政治经济角度阐述跨媒介，即围绕媒介特性，批判单一媒介是社会与审美的异化形式，并提倡一种革命性的和乌托邦的态度。例如，位于政治经济光谱的一端，也是前述在 20 世纪中期重新提出"跨媒介"的艺术家迪克·希金斯。他认为跨媒介是在批判和应对"媒介"分类的资本主义社会分工，这种思路影响了更具批判态度的迪·弗（Thierry de Duve）。而位于光谱另一端的居伊·德波（Guy Debord）和罗莎琳·克劳斯则持相反态度，克劳斯延续了德波的立场，通过"后媒介"来批判跨媒介与资本主义的共谋关系。但无论身处哪一端，这种叙事都将跨媒介的艺术与政治经济现实挂钩：跨媒介是更大的社会语境变革的一部分——尽管他们采取了比朗西埃更具体的角度。

另一个方向从包括技术与视觉机制的现代性角度展开，在保留现代美学关于身体感官的关切的同时，更直接地基于技术的变迁来讨论与之相关、错综复杂的诸多因素。例如乔纳森·克拉里（Jonathan Crary）和马丁·杰伊（Martin Jay）等人，将"跨媒介"置于受技术影响的视觉机制或"秩序"中，并关联至"现代性"的起源，从物质维度突显了视觉感知与技术发明的共生关系。其优势在于，一方面从历史纵深的角度扩展了跨媒介的艺术叙事；另一方面，将艺术的更新与更宽泛的社会现实的变迁结合。

跨媒介的客观现实不断更迭，不仅突破了纯粹的物质显示与主体感知之间的回应关系，更在"媒介生态"中变成了日常生活环境的一部分，影响到人的认知（认识论转变），乃至成为人的一部分。当第三条路径中关于文化与艺术的研究拓展至宽泛的物质现实，也就是既涉及史学研究范式与方法本身的更新，还与对待技术现实并带有道德指向的历史态度有关，自然就提供了在技术环境这一人类存在于世的新形式情况下，分析和阐释艺术的新需求。

诚如第二章所述，20世纪60年代以来，"冷战"背景下的技术更迭和社会变迁与艺术的变革相互结合，在宽泛的社会文化层面，推动了艺术和技术的双重发展。技术不再是单纯地使用工具，而是融入了人类的社会、政治和艺术理想。同样，艺术也不再是单纯的视觉表达，不再是现代美学框架下的阐释学主体对于世界的认识、感知和记录方式。二者的结合，使得艺术在技术环境的生成过程中不断地更新自己，并与环境相结合。

如果说由极简雕塑开启的交互性，寓意着阐释学主体的意义结构扩展至相关的社会和文化领域，那么在技术环境中形成的跨媒介艺术，则将艺术与技术置于共生联动的关系中。人类主体同样与这种技术环境共生联动，因而艺术的意义也与技术环境相关。最终不仅出现了技术和艺术的环境化，还出现了环境本身的形态变迁——环境形态的改变，使得艺术进一步开放和环境化。许多基于科技要素的跨媒介艺术，正是在这一方向探索技术与艺术更多的可能性。这些探索的基础既非单一的艺术旨趣，也不是纯粹的技术表达，而是二者的交互关系及其对"社会－历史"的可能影响。

3.2 从跨媒介艺术到艺术走向环境：生态作为一种整体存在

帕梅拉·李洞察到了艺术在科技的历史变革期面临的新状况，但她只道出了一部分事实。尽管她以"时间、技术与艺术"为视域，通过技术对艺术的消极影响,来阐释在弗雷德式批判背后的 20 世纪漫长的历史变迁,并指出这是控制论的技术时代。然而出现在技术环境生成过程中,并与科技语境紧密相关的跨媒介艺术却不再是一种单独的"艺术－文化"进程,而是技术现实、艺术实践与历史共生演进的产物。

有关"战后"先锋艺术的讨论表明,科技话语与艺术的伦理诉求具有一致性,二者的交织影响了技术的后续变革。与此同时,当我们将目光投向技术环境生成过程中受其影响的艺术变迁时,会发现另一番面貌,这将显示环境形态的变化。特别是控制论、系统论与信息技术等科技话语和技术成果,在跨媒介艺术的扩展中推动了艺术基础的伦理关切,主张艺术与科技的共生关系。相关艺术家甚至提出以艺术去影响技术的现实发展的想法。在他们的论述和设想中,环境形态本身会发生变化,艺术也在该语境中改变。

首先,20 世纪的科技话语与相关技术成果,经关键人物的引入而在跨媒介的发展中发挥了基础作用。除了新的科技成果为跨媒介艺术提供物质基础,其核心术语和思想也影响了艺术与技术跨媒介的立场。控制论、系统论与信息论正是其中的关键话语基础。诚如帕梅拉·李注意到的,跨媒介确实关乎一种时间性问题,然而时间性问题在技术话语中拥有不同的内涵。1955 年,被视为"控制论之父"的麻省理工学院数学系教授诺伯特·维纳提出了一种时间观。他将这种时间概念与一个社会学模型相结合,该模型认为,所有形式的文化最终都有赖于人类活动的时间协调,尤其是它们的同步性。奠定维纳这种看法的,是他有关大脑过程的时间结构的思考。维纳以"大脑时钟"(Brain Clock)假设提出关于大脑过程的时间结构的看法,即人脑不过是一个精确的定时器,它控制器官对信息的处理。维纳指出,"可以毫不夸张地说,一切文化形式都取决于所有人或至少其中很大一部分人在同一时间做同样事情的可能性"[1]。

在维纳的表述中,文化形式对于信息的处理发挥着重要作用。也可以说,维纳的控制论认为,文化意识的转变对于发挥文化的功能至关重要。这在他引入系统术语的论述时显得更清晰:"'信息'这个名称的内容就是我们对外界进行调节并使我们的调节为外界所了解时与外界交换来的东西。接收信息和使用信息的过程就是我们对外界环境中的种种偶然性进行调节并在该环境中有效地生活着的过程。"[2] 在维纳看来,这里涉及一个内在结构与外在结构的相互关系,即人的大脑和活动,与外界的效果处于相互关联中,并能进行调节,因此可以导向一个需要反馈且开放的控制论系统。这很自然地引出作为人的内在结构之表达的文化形式,它与外在环境具有相互作用。这种作用还以另一个词来表达——"反馈",它会影响未来。维纳指出所谓"反馈",是"一种能用过去演绎来调节未来行为的性能"[3]。受到维纳的影响,"反馈"成为文化形式与外部环境发生关联,并造成影响的关键连接点[4]。这种反馈不仅是对计算能力和录像系统的实时反馈,还多是一种相关性的关系样态。正是因为这种关系样态,跨媒介的艺术创作者开始致

---

[1] Norbert Wiener, *Time and Organization*, in *Norbert Wiener: Collected Works: Vol. 4*, ed. Masani, P. (Cambridge: MIT Press, 1985), p.321.
[2] 诺伯特·维纳:《人有人的用处》,陈步译,北京大学出版社,2010,第 13 页。
[3] 同上书,第 26 页。
[4] "反馈"在今天的算法和大数据系统仍然至关重要,例如数学家奥尼尔指出:"统计系统需要反馈通路,来保证系统出差错时运行者能觉察到。统计学家不断用差错训练模型,使之更加智能。"见凯西·奥尼尔:《算法霸权:数学杀伤性武器的威胁》,马青玲译,中信出版集团,2018,第 IX 页。

力于用艺术影响正在科技化的社会现实和历史趋势：技术环境。

其次，20世纪20年代，随着跨学科的系统分析强势崛起，其奠基者路德维希·冯·贝塔朗菲提出，生物学的发展无法满足物理学中的新发现——从不确定性原理到量子力学和能量研究（熵）。贝塔朗菲认为，生物体或有生命的物质组织应被视为一个开放而非封闭的系统："由于生物的基本特征是它的组织，对单一部分和过程的习惯性调查不能提供对生命现象的完整解释……我们认为，为理论生物学寻找基础的尝试以指向世界图景的根本变化。这种观点，作为一种调查方法，我们称之为'有机体生物学'；作为一种解释的尝试，可称之为'有机体的系统理论'。"[1] "世界图景的根本变化"意味着我们必须在关系中看待事物。这直接影响了在当时推动科技与艺术发展的杰克·伯纳姆的看法，用荷兰艺术史学者马尔哈·毕吉特的总结来看："在伯纳姆的解释中，作为分析主体的艺术物件本身被系统概念所取代，据此，系统被定义为'一组正在运行的关系'。这些关系要素意味着时间上的（诸）变化，亦即（诸）过程乃是相互依存和非决定性的。"[2] 这些科学话语所造就的基本存在论反映在了六七十年代重要的大地艺术家罗伯特·史密森身上（图3.1）。

史密森的出发点涉及前述的新物理学发现与信息理论发展。他的

---

[1] Ludwig von Bertalanffy, "The History and Development of General System Theory," in *Perspectives on General System Theory* (New York: George Braziller, 1974), p.154.
[2] Marga Bijvoet, *Art as Inquiry: Toward New Collaborations Between Art, Science, and Technology* (New York: Peter Lang, 1997), p.68.（中译本见马尔哈·毕吉特：《作为探究的艺术：迈向艺术、科学与技术的新合作》，张钟萄、方伟译，中国美术学院出版社，2022。）

图 3.1　罗伯特·史密森，《螺旋防波堤》，1970 年

作品并不关心由内部关系构成的孤立的艺术，而是从系统角度，将热力学第二定律与信息相结合。诚如他提出的："在信息理论中，你有另一种熵。你拥有的信息越多，熵的程度就越高。因此，一种信息往往会抵消另一种。"[1] 万物受"熵"制约，而每一种具有足够物理性的作品都会因自然的变化而改变，但更重要的是，史密森将人也置于这种关系中，即遭遇改变的不仅是物，还包括人的心灵：人的心灵和地球都处于被不断侵蚀的状态。换言之，史密森赋予地球上的一切事物

---

[1] Bijvoet, *Art as Inquiry: Toward New Collaborations Between Art, Science, and Technology*, p.93.

以相同的熵属性。用毕吉特的话说："这种方法，让他能以一种新的语境模式来感知艺术：既然艺术受制于熵定律，使其成为时间和空间的函数，那么它应该被感知为动态的，而非静态。"[1] 这种艺术观念的一个自然结果是史密森走向（在弗雷德看来被污染了的）现实语境：艺术家与艺术可以在动态的现实中，也是在与历史性现实的关系中发挥更积极的作用。这些科技话语对艺术与科技的跨媒介实践影响巨大。

在艺术与科技的跨媒介趋势中，核心人物包括麻省理工学院的视觉设计教授捷尔吉·凯普斯（György Kepes），还有一名在贝尔电话实验室专职研究激光技术的工程师比利·克吕弗（Billy Klüver），以及因系统论的影响而提出"系统美学"的杰克·伯纳姆，他们集中体现了基于科技的跨媒介艺术诉求。其中，凯普斯提倡科学与艺术的共生关系，主张以道德的态度对待科学和技术进步。随着时间的推移，凯普斯逐渐超越了科学与艺术之间的视觉类比。按照毕吉特的分析来看，这是因为当时新的科学研究将关注点转向微观世界，即关注看不见的能量，并与当时的雕塑家转向光或录像等跨媒介的"非物质"材料同步。用毕吉特的话说，这代表着一种新的思维方式，这种共同点导致凯普斯深信艺术家与科学家能紧密合作，目的是让艺术家创造新的视觉形象，"进而启发科学家寻找新的视觉模型"[2]。这种带有道德指向的观点也将凯普斯与克吕弗结合在一起，他们提倡艺术在环境和公共议题上的变革能力，奠定这种变革能力的基本立场是让技术与作

---

1 Bijvoet, *Art as Inquiry: Toward New Collaborations Between Art, Science, and Technology*, p.95.
2 同上书，第22页。

为文化形式的艺术共生。

克吕弗主张，面对快速发展的通信技术可能带来的影响和环境后果，艺术能在其中扮演重要的变革角色。实现这一点的途径，是让工程师、技术人员与艺术家相互合作，尤其是尊重他们的平等关系、加深对彼此世界的理解，进而重新思考艺术与技术在社会中的功能，甚至最终导致人们关心地球上更大的环境问题。而在美学意义上，克吕弗主张，将技术当作艺术材料并为新的美学奠基。诚如克吕弗所言："技术作为材料的功能，不是把以前的美学概念放到新的形式中，而是为新的美学提供基础，这种美学与当代世界有着有机的关系。"[1] 以凯普斯和克吕弗为代表的科技型跨媒介艺术并非单纯主张科学与技术介入艺术，或媒介的简单混合，而是从根本上改变被动关系，将艺术与科技置于平等且有机的关系中。这表达了艺术具有一种变革性力量，能切实地影响技术发展，并与维纳的立场一脉相承。

维纳认为，由于孤立的系统总是走向无序，控制论主体必须调节行为，就像他对高级反馈的界定表明的，"过去经验不仅用来调节特定的动作，而且用来调节行为的全盘策略。这样一种的策略反馈可以表现为从一方面看来是条件反射而从另一方面看来又是学习的那种东西"。[2] 如前所述，控制论提供了一种基础性的相互关系概念：一方面，技术可以用来预测系统的未来形势；另一方面，未来形势的效果循环会影响当前的结构——因而是递归的。受这些科技话语和技术成果影

---

[1] Douglas M. Davis, "Conversations with Gyorgy Kepes, Billy Klüver and James Seawright," *Art in America* (Jan.-Feb. 1968): 3.
[2] 维纳：《人有人的用处》，第 27 页。

响的艺术家大多成为20世纪后半叶艺术发展的关键角色,例如罗伯特·劳森伯格、汉斯·哈克、约翰·凯奇、"艺术与技术实验"和白南准(NamJune Paik)等,他们不仅推动了艺术走向技术的跨媒介实践,更扩展了跨媒介的叙事边界,冲击了现代美学和现代主义艺术的叙事框架。这种冲击的首要表现是在基于科技的跨媒介艺术中,相关人物已经表现出一种道德立场:这些艺术家主张艺术与科技的共生关系,甚至试图以艺术影响技术现实的发展。

从时间意义上说,控制论系统在一个连续的循环回路中将过去、现在和未来折叠在一起。由于控制论的定义结合了对时间的复杂关系和预测的迷恋,将时间合理化成其度量的中心单位——而非像康德那样,将时间理解为是一种先天的形式,这与奠定在现代哲学的认识论之上的美学论述直接相关。有别于此,20世纪以来的科技术语(包括熵、过程、反馈、系统、偶然性与确定性等)成为跨媒介艺术的话语基础。与此同时,科技成果(包括通信技术、录像设备和计算机等)则是科技类跨媒介艺术的基础。

跨媒介受到科技的启发,并通过科技呈现艺术、艺术的特定媒介与技术现实,以及与更宽泛的社会之间的关联,不仅表明了艺术与世界的相互关系,还扩展了基于现代美学的叙述框架。不过,与其说跨媒介扩展了艺术的叙事,不如说它扩展了艺术的叙事边界,并将艺术纳入到更大的叙述框架之中。在这里,叙事框架是跨媒介所指涉的艺术与技术现实的共生关系,以及相关的整体性和关系性的现代性叙事。

这种叙事认为,在基本的存在论意义上,世界是关系性的存在整体,部分与部分之间以及部分与整体之间相互影响。而包括控制论在内的科技话语则发展成了一种指导当前行为在未来达到预期结果的方法,最终激发了人们控制、调节和塑造现实的雄心，并构造出一种带有伦理特性的艺术实践立场，这成为影响跨媒介艺术的关键，艺术也由此展现了更为丰富的意涵。

更进一步来看，跨媒介艺术扩展了艺术的边界，也丰富了艺术的叙事框架，更因奠定其基础转变的整体性和关系性的存在论而改变了艺术的意义。这充分展现在了上述跨媒介的艺术创作当中。跨媒介在艺术家的实践中具有多重意义：一方面，这是一种借助科技成果而实现的艺术方法；在另一方面则是一种艺术形式，其背后具有认识论与世界观含义，即媒介与媒介、艺术与社会、人与寰宇的整体关联。例如罗伯特·史密森以艺术项目开垦土地，发挥艺术在人类活动与自然的关系中的作用。"录像艺术之父"白南准认为，艺术将发挥一种可能且关键的教育作用：由于信息结构已逐渐成为社会现实的基本面貌，录像和计算机等新媒介在一个更大的结构框架或通信系统网络中运作。因此，艺术可以通过在"通信－信息"结构中运作来发挥交流功能。

对于白南准来说，科学技术的发展已导致我们的生活环境变成一个信息结构和信息环境，艺术与艺术家在此语境中发挥作用。信息与技术媒介形成了一种新的信息或媒介生态，"生态"从原有的自然生态扩展，诚如白南准所言："生态学不是'政治'，而是一种虔诚的世界观，它相信世界设计、全球回收，相信我们的注意力从'你或我'转向'你和我'，正如整场运动的大师富勒先生反复强调的那样。"[1] "生态"从 19 世纪末在科学上的生物及其与环境关系的整体意义，转为机

---

[1] Bijvoet, *Art as Inquiry: Toward New Collaborations Between Art, Science, and Technology*, p.169.

器的控制论系统，用许煜（Yuk Hui）[1]的话说，"生态"从生物学概念转向控制论的递归思维[2]。这意味着对于基于科技的跨媒介艺术家来说，心灵、科学技术与生态是共生的一体，艺术也非独立于此，而是置身于更大的背景或现实中。可见，艺术家此时已经在更宽泛的范围内发挥作用，扮演多重角色，而"自然"本身也从生态学的意义转向"技术－媒介"环境。

其次，跨媒介从整体生态的角度思考并以艺术介入社会现实乃至政治，使得它有别于基于感性机制的话题扩展。即便将跨媒介中的某些关切还原到"感性机制"，诚如苏珊·桑塔格（Susan Sontag）在"科学与艺术"的两种文化之争中将20世纪六七十年代兴起的新的艺术实践归结为是新的感知力的结果，因而与"感性机制"有所重叠，但其间的差异也很明显。桑塔格认为，在旧有话语中，一种核心论调把艺术看作是对生活的批评，这种批评或审美间离的态度是前述"反美学"的核心主张之一。不同于此，新的感受力是一种更为积极的介入，如桑塔格所言，新的感受力"把艺术理解为对生活的一种拓展——这被理解为（新的）活力形式的再现……一件伟大的艺术作品从来就不只是（或其至主要不是）某些思想或道德情感的表达。它首要的是一个更新我们的意识和感受力、改变滋养一切特定的思想和情感的那种腐殖质的构成的物品"[3]。如果以朗西埃的"感性机制"看，那么新的艺

---

[1] 许煜对此的更多概述见许煜：《递归与偶然》，苏子滢译，华东师范大学出版社，2020，尤其是第二章。
[2] Yuk Hui, "Machine and Ecology," in *Angelaki-A Journal of Theoretical Humanities* 25, No.4 (2020): 55.
[3] 苏珊·桑塔格：《反对阐释》，程巍译，上海译文出版社，2011，第348页。

术实践在某种程度上无非是某些政治思想或伦理情感的表达,但据前所述,基于科技的跨媒介实践的诉求不再局限于此,其意义范围也因此更为广阔。

最后,基于科技的跨媒介实践并非直接关心传统的哲学美学问题,也不或明或暗地指涉政治性,它们分析或拓展感觉,让艺术更密切地与科技相结合,探索技术发展带来的问题,也探索艺术与人的行为在其中可能发挥的作用。当他们引入艺术的变革作用时,其认识论、实践观与历史立场集中体现在了诺伯特·维纳的表述中:"我们,人,不是孤立系统……我们是以自己的感官来取得信息并根据所得的信息来行动的。"[1]这使其可以通过"反馈"来实现学习这一"认识-行动",反馈则具有以过去来演绎未来行为的性能。因此,此视域下的艺术叙事与其说跟"感性机制"有所重叠,不如说它呈现了在现代美学(或"美学""反美学")之外的叙事:一种将艺术语境化的发展脉络。让艺术语境化具有多重含义,这使得艺术在一种新的视域中发挥其意义。就"语境化"本身而言,我们可以区分出如下几个维度:

第一,在话语层面,"语境"是指一种系统,尽管这源自控制论、系统论以及信息技术等科学研究的影响,但它并非无中生有。艺术被视为是通讯系统中的一种信息,与发送、接收信息或是信息的增加、反馈乃至负熵处于互动关系中[2],艺术家也身处系统之中,并在一组关系中展开实践。如维纳所言:"信息这个名称的实质就是我们对外界

---

[1] 维纳:《人有人的用处》,第23页。
[2] 史密森是最着迷于熵的艺术家之一,斯蒂格勒也围绕熵提出诸多论述,见贝尔纳·斯蒂格勒:《人类纪里的艺术》,陆兴华、许煜译,重庆大学出版社,2016。

进行调节并使我们的调节为外界所了解时，与外界交换来的东西。接收信息和使用信息的过程就是我们对外界环境中的种种偶然性进行调节并在该环境中有效地生活着的过程。"[1]因此，无论是艺术与科技的结合，还是走向公共，艺术家都不只是像局外人一样批判性地审视，而是积极地介入现实，切实探索实践与变革的可能，同时扩展感知力。这并非单纯的审美批判，而是一种美学的奠基，它基于另一种前述世界观和认识论。

第二，"语境化"是一种整体主义视域，主张万物联结。照此来看，艺术不再处于简单的自主之界中：艺术不只通过打破与生活的边界展开批判，而是与社会系统，乃至自然生态系统相互关联。这种主张体现在控制论的代表人物，也是20世纪中后期生态学的核心理论家贝特森的论述中，后文将更详细地展开讨论。

无论如何，艺术的语境化都表明，艺术通过交流的语境而直接介入更大的社会、时代和整体议题，这也导致艺术的意义因技术的引入而扩大了范围。在此，我们似乎看到了一种新出现的趋势，它已经被敏锐的艺术家们捕捉到，并在他们的跨媒介艺术创作中表达出来。然而这种趋势是全方位的，它是现实存在的历史性结构转型，艺术处于该转型之中，也参与其中。因而"语境化"也可以被理解为是艺术直面变革中的现实，是其中一部分，是作为整体的一部分。这种变革表现为一种认识论和世界观的转变。但这种认识论和世界观不只为美学奠基，将之与生态结合，还延续至今，跟当前发展中的技术现实产生联系。例如新的数字技术、智能技术与新兴话语正在构筑高智能的公

---

[1] 维纳：《人有人的用处》，第13页。

共环境和媒介生态。

与这种变革相关的思想模式和叙事，提供了理解当前技术现实及其现代性叙事的关键。可以说，艺术的语境化乃至其扩展的语境，实则意味着艺术和文化领域的生态转向，即让艺术与更大的结构和更多的要素相结合，但更反映了从思想和理论角度对存在的现有描述模式的重估。因而与其说是艺术发生了转向，不如说是存在模式和现实条件发生了变革。上述艺术家所处的时代是一个刚从战后废墟中开始复兴的时代，也是一个隐藏危机的时代。在这种矛盾情境中，出现了与诸多变革相关的一个关键性思维，或者借用瓜塔里在20世纪80年代末提出的说法：一种"智慧"——生态学。

3.3 生态转向：贝特森之后

生态学并非20世纪的新学科，其历史可以追溯到19世纪中期。在常见的生物学意义上，"生态"是对地球上生物的研究，关注自然生物的变化和关系。这种自然主义的生态学是从植物和动物生态学，扩展到对所有生物形式及组成生物生态系统的非生物环境的研究，范围则从地方食物链到对地球气候的研究[1]。到20世纪中期，由于最大的社会变化是技术媒介的发展对社会造成的影响，人类的生存和生活条件随之发生转变，导致出现新的生态学表述。诚如导论中提到的，

---

[1] S. T. A. Pickett and M. L. Cadenasso, "The Ecosystem as a Multidimensional Concept: Meaning, Model, and Metaphor," *Ecosystems* 5(2002): 1-10.

1968年，著名的媒介研究者波兹曼受到麦克卢汉的影响，提出了"媒介生态"。他将媒介生态研究定义为关注媒介技术如何保卫和塑造了文化的批判性研究。此后，在技术、艺术和社会研究中引入"生态"也并非新鲜事，例如"信息生态""技术生态"[1]和"媒介生态"等，它们从不同角度阐释了具有新的环境特征的社会形态。

在早期阶段波兹曼曾指出："人们愈发意识到人类生活在两种不同的环境中。一种是自然环境，包括空气、树木、河流和毛毛虫等；另一种是媒体环境，包括语言、数字、图像、全息图以及所有其他的符号、技术和机械，这些构成了我们的本质。"[2] 按照这种看法，技术文明在第一自然之上建立了第二自然，于是第一自然（即地球）不再是一大堆未经加工的材料，等待着被燃烧来滋养人类经济的增长和创新，因而媒介生态向我们证明了技术变革不是累加性的，而是生态性的。波兹曼认为，每种新媒介并非简单地代表一个附加层，而是改变了其他媒介系统的内在关系，并以意想不到的方式重新配置生态。换言之，媒介和技术的复杂性增强了"自然"的复杂性。不过，将人类的行为纳入对地球系统的研究后，亦即将社会与生物领域结合研究，导致出现了所谓的"社会生态学"。"生态"也由此成为一个包含人与其他非人生命、非生命系统的综合领域。

到今日，有关社会技术系统、媒介生态和技术环境等的研究，正

---

[1] Blake M. Allan, Dale G. Nimmo, Daniel Ierodiaconou, "Futurecasting Ecological Research: the Rise of Technoecology," *Ecosphere* 9, no.5 (2018).
[2] Neil Postman, "The Humanism of Media Ecology," *Proceedings of the Media Ecology Association* 1(2000): 11.

在扩展为对技术生态和数字生态系统的研究[1]。而在有关数字生态系统的研究中，技术的环境化与技术的生态化意义类同。一方面，它们都指技术的一般性扩散。例如，技术通过传感器和机器算法蔓延到城市、空间和背景式的环境中，形成了日益复杂的媒介化城市、智慧城市，并通过数字基础设施和相关的文化和伦理重构，对环境进行更加复杂的管理和协调[2]。在这个意义上，"生态系统"的概念已经被用来讨论数字平台在当代城市中作为中介和重组现有关系的能力[3]。概言之，数字生态系统和存在于其中的一切关系相关，前者能催生、管理和协调后者。不过，引入"生态"概念是将这种系统视为一种技术现实，其旨在表达当代的信息和技术系统与其前身有质的不同。因为它们出现了根本性的复杂性、非约束性和互联性，跨越了组织、行业和市场的传统界限[4]。

另一方面，这种生态系统概念还具有将上述系统合法化的作用，即通过将技术系统打造成一种自然主义的过程而掩饰隐藏于其中的权力关系。诚如马洛斯·克里维（Maroš Krivý）指出的：

---

[1] Helene Ahlborg et al. "Bringing technology into social-ecological systems research– Motivations for a socio-technical-ecological systems approach," *Sustainability* 11, no.7 (2019); Daniel Stokols, *Social ecology in the digital age: Solving complex problems in a globalized world* (London: Academic Press, 2018).

[2] Jannis Kallinikos, Aleksi Aaltonen, and Attila Marton, "The ambivalent ontology of digital artifacts," *MIS Quarterly* 37, no.2 (2013): 357-70.

[3] Sarah Barns, *Platform urbanism: Negotiating platform ecosystems in connected cities*, (London: Palgrave, 2020).

[4] Hind Benbya et al. "Complexity and information systems research in the emerging digital world," *MIS Quarterly* 44, no.1 (2020): 1-17.

第三章　生态转向：走向环境的艺术与主体

自 20 世纪 90 年代以来，"生态系统"已经在涵盖商业管理、计算机科学、城市经济以及公共和环境政策的广阔且不断扩展的领域中找到了自己的位置。与"商业生态系统"和"创业生态系统"相邻的"数字生态系统"的各种表述，都指向了企业之间的紧张关系，这些企业寻求通过占据"生态系统协调者"的地位来实现收益的最大化，它们的传播利用了这样一种理念，即（类比于自然生态系统中的关键物种）企业的领导力对公众有益。监管者寄希望于用数字技术来促进经济增长和环境的复原力，同时挑战垄断行为，以及借由市场民粹主义将小型企业家视为普通人的化身[1]。

因此，环境性或技术环境意义上的生态系统本身具有双重特性，这种技术和社会现实意义上的"生态"正是上文论及的"技术环境"。

从 20 世纪中后期至今，生态概念在学术和思想观念维度不断丰富其内涵，成为一个重要的思考视角。但我们也可以区分出上述两种基本路径，如今的分析逐渐侧重于从"技术环境"演变而来的"数字（技术）生态系统"，在自然主义的隐喻层面使用它，因而具有前述掩盖其权力构成和资本积累的作用。这种"生态"含义并不足以呈现当前的社会现实，也忽视了艺术视角提供的意义变迁和现实变革的伦理关切。

然而，生态概念在其演变过程中并非一直如此，它从一种生物学概念，逐渐演变为与技术环境相关的概念，从一个关注"自然"的概

---

[1] Maroš Krivý, "Digital ecosystem: The journey of a metaphor," *Digital Geography and Society* 5(2023).

念,演变为与"人造物"以及人造物与自然之关系的概念。在此过程中,早有思想者提出了其中所暗含的有关主体的视角的转变。在当前有关生态的讨论中,这一视角愈发显示出其范导性的作用,也为20世纪70年代至今从生态角度论述主体的问题奠定了基础。

20世纪中期以来,"战后"的社会复兴使得技术成果大获成功,成为"生态"概念转变的关键。两次世界大战中的科学研发和技术成果在战后被应用于日常生活当中,除了前文讨论过的计算机和网络外,更显著也更普遍化的是新的媒体技术和媒体产品。包括电视机和录像设备等,它们遍及日常生活,进入了前文讨论的跨媒介和新媒体艺术领域。按照波兹曼的前述看法,媒介和技术的复杂性增强了"自然"的复杂性,因而对于文化的技术的考察需要全新的范式。波兹曼是一位进入了大众视野的批判性学者,而比波兹曼的影响更甚的,也是20世纪影响最大的媒介研究者非麦克卢汉莫属。通过他对前述跨媒介艺术的影响便可见一二。但除却他们和上述诸多研究者外,同样也是在跨媒介艺术中影响巨大的另一位关键思想家,是横跨多学科的格雷戈里·贝特森(图3.2)。

贝特森是一名真正的跨学科研究者。他于1904年生于英国,1925年在剑桥大学获得生物学学士学位。第二次世界大战前,他在南太平洋的新几内亚和巴厘岛从事人类学研究。20世纪40年代,他与跨学科学者一道将系统理论和控制论扩展到了社会科学和行为科学。他还是控制论的早期倡导者之一,参与过二十世纪中期至今影响最为深远和广泛的跨学科会议——"梅西会议"(Macy Conferences),与维纳等人一样关心控制论与技术问题。除此之外,他还是精神疗愈方面的专家,他提出的"双重束缚理论"(Double Bind Theory)是该领

图 3.2　格雷戈里·贝特森（1904 年—1980 年）

域的经典理论。在将"生态"引入更宽泛思想领域的过程中，贝特森也是真正的开创者，不仅影响了麦克卢汉的"媒介生态学"[1]，还有卢曼的社会系统理论[2]，以及法国理论中的德勒兹和瓜塔里的"反俄狄浦

1　Donald F.Theall, "Messages in McLuhan's letters: The communicator as correspondent," *Canadian Journal of Communication* 13, no.3-4 (1988): 86-97.
2　Niklas Luhmann, *Social Systems* (Stanford: Stanford University Press, 1995).

斯"[1]、瓜塔里的"三种生态"[2]。近年来,贝特森的思想还得到如林恩·马古利斯(Lynn Margulis)等生物学家的支持。他们提出,演化的发生几乎无法归功于随机的基因突变,而是归因于长期的共生关系,共生的模式需要多层次的互动,需要沟通来维持有组织的互动[3]。

贝特森真正开始关注"生态"概念与控制论有关。"二战"以后,贝特森从控制论出发,转向了"生态"的关系性和递归维度,到20世纪70年代,他提出了"心灵生态"概念。不过,贝特森更新或扩展了"生态"的内涵,他提出的"生态"不是由物质构成,而是源自信息,他称之为"差异产生差异"。这构成了一种不同于现代"生态"的逻辑,也突显了贝特森思想的历史转折意义。

一方面,贝特森的思想奠定了生态转向的条件并推动了该转向。在人类学和控制论方面的研究,使得贝特森关注心灵、学习和组织关系等概念,他将建立在意识、认知、理性、心灵之上的以人为核心的主体概念,扩展到更宽泛的范围中,如环境和生物领域,并将技术的非人系统纳入其中。

贝特森认为,地球上的生物从病毒、细菌、植物、昆虫,到鸟类

1　Gilles Deleuze and Félix Guattari, *Anti-Oedipus: Capitalism and schizophrenia* (New York: Viking Press, 1977).
2　Félix Guattari, *The Three Ecologies* (London: The Athlone Press, 2000); Yoni van den Eede, *The Beauty of Detours: A Batesonian Philosophy of Technology* (New York: State Universtiy of New York Press, 2019); Matthew Fuller, *Media Ecologies: Materialist energies in art and technoculture* (Cambridge: MIT Press, 2005); Robert Shaw, "Bringing Deleuze and Guattari down to earth through Gregory Bateson: Plateaus, rhizomes and ecosophical Subjectivity," *Theory, Culture & Society* 32, no.7-8 (2015): 151-171.
3　Lynn Margulis and Dorion SaganMargulis, *Acquiring Genomes: A Theory of the Origin of Species* (New York: Basic Books, 2002).

和哺乳动物,从海洋、大气到地质过程构成了一个相互联系的精神系统,根本无法避免彼此之间的相互关联。因此,人类与自然,人类与其他生物过程之间,甚至是艺术家与艺术作品之间都绝非相互分离的关系。这种关系性的思考,在贝特森看来是"由反馈和递归产生的特殊的整体主义"[1]。也可以说,贝特森在所谓的经验主义的量化解释外发现了一个新的"整体",并提供了一个可以自由展示和讨论整合的方式[2]。

这种"另类"的视野与他对现代科学的批判有关,同时也奠定了他对于美学的态度和看法。这也使得贝特森的生态概念——在另一方面——通过基于关系性和整体主义的存在论论述,建立了认识论与美学之间的联系,并产生柏林特所谓的"介入美学"[3]。即体现一种整体且统一的美学,取代传统的二元性。整体主义视域,将美学视为在元语境中把握元模式的一种手段。将美学和艺术置于关键位置不仅启发了相关艺术家的实践,更冲击了现代美学以阐释学为主体的基础。因此,贝特森的理论在我们关注的"走向数字生态"的历史过程中具有关键意义。

---

[1] Gregory Bateson, *A Sacred Unity: Further Steps to an Ecology of Mind* (New York: HarperCollins, 1991), p.221.
[2] Peter Harries-Jones, "Gregory Bateson's 'Uncovery' of Ecological Aesthetics," in *A Legacy for Living Systems: Gregory Bateson as a Precursor to Biosemiotics*, ed. Hoffmeyer (Dordrecht: Springer, 2008), p.153.
[3] 柏林特对此已有大量论述,例如阿诺德·柏林特:《美学与环境》,程相占、宋艳霞译,河南大学出版社,2013;阿诺德·柏林特:《艺术与介入》,李媛媛译,商务印书馆,2013。

3.4 贝特森生态学的基本元素：控制论 - 心灵 - 美学

1936 年，刚刚 32 岁的贝特森完成了其人类学的代表作《纳文》。人类学领域的工作方法和经验延续到他后来的一系列作品中。他对民族志方法的反思，使得他思考观察者与观察对象之间的关系和研究视角问题，并开始关注"认知"和"学习"等更为抽象的问题，特别是学习过程中的交流和互动。例如，在他战后的对有关维尔京群岛的海豚的研究（1963 年至 1964 年）、在夏威夷的海洋研究所的研究（1965 年至 1972 年），以及他对精神病患者的工作和在帕洛阿尔托进行的家庭治疗（1949 年至 1962 年），甚至是他在战时服务美国战略事务办公室（1943 年至 1945 年）的研究中，交流和互动都发挥着关键作用。不过，他的研究方法和视野却有所转变。这些后续研究已不再采用人类学的田野调查方法，但也不是完全进入了生态学领域，而是受到控制论的影响，延续了前文论及的维纳的一些基本思路。诚如尤尼·埃德指出的，对贝特森影响最为深远的是他从 1946 年开始参加的控制论的里程碑事件：梅西会议[1]。"梅西会议"是 20 世纪科技发展的重要会议，在海勒以时间线索勾勒的控制论历史中，该会议是控制论的第一次浪潮。

贝特森是 20 世纪 40 年代的"梅西会议"的与会成员，其他成员还包括诺伯特·维纳、沃伦·麦卡洛克（Warren McCulloch）和海因茨·冯·福斯特（Heinz von Foerster）等人。他们都是此后以信息通信技术为核心的诸多科技进展的奠基者。此次的会议议题关注循环因

---

[1] Yoni van den Eede, *The beauty of detours: A Batesonian philosophy of technology*, p.6.

果关系问题，这群跨学科科学家们试图找出自然界中循环组织的因果模式。这里的循环因果模式对应于之前的线性因果模式，为探索这个问题，他们引入了"递归"概念，通过"圆"的形象进行思考，并逐渐意识到，他们思考的问题更类似于神话中的衔尾蛇（Ouroboros）。换句话说，每当事件绕着控制论的圈子转一圈，整个圈子就会被带入整体之中，这种循环往复的消化过程被称为"递归"。今日，技术哲学正在复兴这种思想模式，诚如许煜指出的，控制论正是建立在循环因果关系上，是反身性的：

> 递归是指一种非线性的反身性运动，不管是预先定义的或自动假定的，它都会循环渐进地朝它的目的（telos）移动。控制论属于有机论（organicism）这个更大的科学范式下，该论述衍生自对机械论作为基础的本体理解的批判。有机论也要和生机论（vitalism）有所区别，后者往往是靠一种神秘的（个别的、非物质的）"生命力"（vital force）来解释生物的存在；反之，有机论其实是以数学为基础。控制论是有机论的表现形式之一，它应用反馈和讯息这两个重要概念，针对一切存在的行为进行分析，无论是有生命的（活的）和无生命的（死的）、自然的和社会的。[1]

这就是说，控制论的递归思维是充满活力和处于流变之中的，不是一种单线的因果关系。很显然，这使得贝特森能将递归思维导向一

---

[1] Yuk Hui, "Machine and Ecology," *Angelaki-A Journal of Theoretical Humanities* 25, No.4 (2020): 50.

种强调交流和互动的立场。在其思想中既与早期的人类学研究形成对照关系，也呼应了当时的控制论思想和主导性的生物学模式。后者对应于目的论结构问题。

无独有偶，1946年和1947年召开了第二次和第三次"梅西会议"，当时的主题便是"目的论机制和循环因果系统"[1]。目的论在西方的思想和科学传统中具有重要意义。亚里士多德在《物理学》中提出的"目的"确立了目的论对后世思想的权威意义。在这种解释下，无论是人类社会还是自然，都被目的论结构所统摄，甚至作为人造物的技术也受到自然的限制和调节，以至于自然是理性的基础。就像霍尔指出的，"这既赋予了技术以必须由某个有意图的人给予的目的，也赋予了技术以总是事先给予的目的，但这种技术似乎无情地服从和实施着'手段-目的'关系的工具逻辑以构成一种'目的的结构'"——尽管其分支日益增多和交织；无论如何，这使它既是整体的、规定性的——即'目的论的-理性的'一部分，也是它的承担者"[2]。可以说，这规定了有关技术的看法，也包含人及其造物与自然的关系是奠定在基本的目的论结构之上的看法。

除此之外，目的论还几乎决定了人类的实践行为及其意义。菲利普·古德米（Phillip Guddemi）就指出，目的论在哲学上的一些更大胆的伪装，是把演化本身塑造成一个类似于神教上帝的代理人，有时它还被用来为偶然现象和历史现象赋予虚假的必然性。同样，在生物

---

[1] Phillip Guddemi, *Gregory Bateson on Relational Communication: From Octopuses to Nations* (Cham: Springer Nature Switzerland AG, 2020), p.13.
[2] Erich Horl with James Burton (eds.), *General Ecology: The New Ecological Paradigm* (London: Bloomsbury Academic, 2017), p.6.

学中,目的论根据生物行为所服务的目的来揭示其行为,就像生物学家霍尔丹(J.B.S. Haldane)所言:"目的论就像生物学家的情妇;他不敢在公共场合看到她,但又不能没有她。"[1]

身为英国遗传生物学家威廉·贝特森(William Bateson)的儿子,贝特森从小就接受过相关的教育,他显然十分熟悉有关动物行为和交流的传统说法。但由于受到控制论的影响,贝特森开始重新思考这一话题,并对这种意义上的目的论展开了批评。贝特森在《心灵与自然》中批评了目的论,特别是针对亚里士多德的"终极因"观点。

贝特森认为,亚里士多德的"终结"意味着"一连串事件结束时产生的模式在某种程度上可被视为该序列所遵循的路径的因果关系"[2]——这显然不符合他从控制论中了解到的"反馈、递归与循环"模式。这种控制论模式表达了我们可以从生物身上看到自我纠正和自我调节的复杂过程,就像前文引用过的维纳的看法。但贝特森认为,这里的关键是这种目的论实则蕴含着一种认识论,即我们是通过这种目的论来认识、看待世界和自身的。为此,贝特森的思考引向了控制论的认识论维度,一如前述艺术家从维纳和贝特森思想中把握到的。从控制论出发,通过反馈和递归的思维,因果关系可以从循环的角度加以理解。这意味着人类的行为并非单向的线性演变和规定性的发展,而是可以进行自我调节和纠正。贝特森还强调,艺术和审美在此过程中发挥了关键作用,或者说美学和艺术具有关键的认识论作用,能发

---

[1] Victoria Alexander, *The Biologist's Mistress: Rethinking Self-organization in Art, Literature and Nature* (Litchfield Park: Emergent Publications, 2011), p.7.

[2] Gregory Bateson, *Mind and Nature: A Necessary Unity* (New York: E. P. Dutton, 1979), p.60.

挥改造或调节现实的功能。

不过，贝特森特别强调认识论不只涉及人类的"认知"，而是一切生命体，是一种全景式的认识论。贝特森认为，一切生命体（或有机体）都拥有心智能力（mental capabilities），也就是拥有心灵（mind）。然而，这里的"心灵"并非笛卡尔以来，在精神维度并与认知意识相关的"心-物"二分的"心灵"。对于深受控制论影响的贝特森来说，心灵或心理活动要以信息流的方式来看待[1]。在此之前，对于信息的理解仍然主要受到"香农-韦弗"定理主导，即信息在信道中的传输速率以及信道克服噪声从而传输信息的能力。维纳对此做了补充，他认为信息是对局部系统中产生的熵的一种约束，是一种"负熵"或熵海中的局部岛屿。

按照哈里斯-琼斯的说法，这意味着"生命体通过其循环反馈中的平衡状态来抵制腐败和衰败的总流的过程"[2]。这是一种以信息带来秩序的设想，即如果信息与信息的来源处于反馈回路，在这种情况下可以带来秩序。从这个角度而言，信息拥有不同的意涵，最重要的是信息、信息的来源及其相互关系一起界定了"信息"。贝特森便是以该思路界定信息，他指出，"可以将一个信息'比特'定义为一种构成差异的差异。当其在一个回路中行进或经历成功的转换时，这种差异就是一个基本的思想"[3]。从这段描述中可以看出，贝特森认为信息

---

[1] Noel Charlton, *Understanding Gregory Bateson: Mind, Beauty and the Sacred Earth* (New York: State University of New York Press, 2008), p.71.
[2] Peter Harries-Jones, "Bioentropy, Aesthetics and Meta-dualism: The Transdisciplinary Ecology of Gregory Bateson," *Entropy* 12, no.12 (2010): 2360.
[3] 格雷戈里·贝特森：《心灵生态学导论》，殷晓蓉译，北京师范大学出版社，2023，第423页。

是在流动、传播或沟通中产生的差异,这突显了信息存在于其中和进行传播的通道、语境或背景的重要性。也可以说,信息的意义与其所处的结构性语境相关。或者说,相较于单个信息的传播,贝特森更看重信息传播的条件或规则。

对此,他甚至引用并改写了康德在《判断力批判》中有关美学的主张,来论证信息是特定的选择和传播,因而是制造"差异"的差异:

> 康德在《判断力批判》中主张,最基本的美学行为是对事实的选择——如果我的理解是正确的话。他论证说,在一支粉笔中,存在无限数量的潜在事实。自在之物(即粉笔)绝不可能因为这种无限而进入传播或心理过程。感觉受体不可能接受它,这些受体把它过滤掉了。感觉受体所做的事情是从这支粉笔中选择特定的事实——用现代术语来说,就是信息。
>
> 我提出,康德的主张可以被改造成这样的说法:围绕着这支粉笔,并在这支粉笔之中,存在无限数量的差异。在粉笔和宇宙的其他部分之间存在差异,在粉笔和太阳或月亮之间存在差异。而且在这支粉笔中,对于每一个分子来说,都存在它的位置和它可能有的位置之间的无限差异。我们在这一无限中选择一个非常有限的数字,它就成了信息。事实上,我们所说的信息的意思——信息的基本单位——是造成差异的差异,而它之所以能造成差异,是因为它所经过和不断转换的神经通道,是由其本身提供能量的。[1]

---

[1] 贝特森:《心灵生态学导论》,第591页。

在贝特森看来，粉笔中存在无限量但又各有居所的分子，这种存在状况本身就是差异。当我们在无限的差异中选择一个时，就形成了专属于"自己"的差异，这就是信息。其次，信息可以处于不同的通道之中，这些通道跟外界相关。也就是说，它们都是能量的某种表达，能量既存在于"身体"内，也遍布于外在世界。一切差异或信息都在这种通道之网中。对此，贝特森还引入物理学和生物学常识来解释信息、差异的传递如何与能量相关的。比如纸张和木头之间的差异被转换成了光或声的传输差异，最后进入人的感觉末梢。这分为两个步骤：第一，光和声的传输差异以科学的方式出现，并通过感觉末梢进入身体；第二，这些差异在进入身体后，因潜在于原生质中的新陈代谢的能量而被激发。身体机制与物理世界的运作机制具有类似性，这奠定了贝特森提出有别于传统的基于"心－物"二分的认识论的基础，以及基于其上的"自我"概念。

尽管贝特森的思路具有基本的科学底色，但他的看法又不同于现代科学，特别是与之相关的还原论、经验主义和二元论系统，这体现在他有关"思维（思考）之自我"的看法上。贝特森这样描述所谓的"思维（思考）"概念："想象一个人用斧头砍一棵树。斧头每砍一次都根据前面砍树留下的切面而进行改变或矫正。这个自我矫正（即心理）的过程是由一个整体系统带来的，树－眼睛－大脑－肌肉－斧头－砍－树；正是这个整体系统才具有内在心灵的特性。"[1] 贝特森据此展示了何以"思维"不是个人的"一部分"，而是发生在复杂而冲突的关系中，并与交流和信息有关。这也勾画出其不同于还原主义和经验主义的全

---

[1] 贝特森：《心灵生态学导论》，第 425 页。

景式认识论模式。这种全景式的认识论模式,与贝特森试图打破的二元论的西方哲学有关。自古希腊哲学以来,心灵和认识论问题一直与各种形式的二元论相关。笛卡尔以后,现代哲学将"心－物"二分推进到新的阶段,无论是真与假、公与私、内与外还是心与物,都被置于这种视角下。

贝特森生态思想中最具特色的是他从科学基础出发,但在考察认识论时,通过"信息"和控制论,打通"心灵"与物理世界的分裂状况,由此确立一个新的"自我"概念,并使之成为改变单向因果行为的基础。就像彼得·哈里斯－琼斯指出的:"在这个意义上,信息是一种'时间守恒'的类型。从长远来看,这种'时间守恒'并不与热力学第二定律相矛盾,但可以解释地球上的生物秩序作为一种'时间约束'、时间之箭的局部反转。它也解释了为什么某些生物包括人类,往往能够提高他们的组织水平,在熵的增加和去差异化的总体流中从混乱中创造秩序。维纳承认,他把信息与负熵联系在一起的概念是一个隐喻,而不是一个有效的假设,但贝特森接受这是一个可以努力的隐喻。"[1]可见,贝特森将信息视为一种基本的存在和认识要素,并用来解释世界上的实践、组织与秩序。既然人类的行为与通过信息创造秩序有关,那么就可以改变现实,这也与西方思想中潜在的身心二元论截然相反。

思想超越个人的界限,使得主体性和自我的承载者不再是经验"主体"的先验之"我",而是扩展为内在于"人加环境"的更大系统。[2]

---

[1] Peter Harries-Jones, "Bioentropy, Aesthetics and Meta-dualism: The Transdisciplinary Ecology of Gregory Bateson," *Entropy* 12, no.12 (2010): 2360.
[2] 贝特森:《心灵生态学导论》,第 424 页。

特别是,贝特森认为信息在这种扩展中发挥着关键作用:"加工信息——或如我所说,'思考''行动'和'决定'的——整个自我矫正的单元是一个系统,其界限既与身体的界限根本不一致,也与通常所称的'自我'或'意识'的界限根本不一致;这个网络不受皮肤的限制,而是包括一切外部通道,而信息沿着这些通道得以传输。它也包括那些有效的差异,这些差异内在于这样的信息'对象'之中。它包括声和光的通道,差异的转换沿此进行,而这些差异原初就内在于事务和其他人之中,特别是内在于我们自己的行为之中。"[1]

"信息"和"交流"使"自我"得以扩展,因而自我的边界是更宽泛的,不仅存在于身体或皮肤的边界之内,还包括其外部延伸的交流和路径。如果心灵是自我的另一种表达,那么这种扩展的自我,即贝特森所谓的具有系统性的心灵的生态。而将心灵生态化,便是让身体内在的心灵和自我外化。贝特森的这一主张在20世纪无疑具有颠覆性和代表性。

20世纪,针对西方思想中关于自我概念的二元论谱系,弗洛伊德的精神分析跟贝特森的理解指向一个类似的方向,但又极为不同。他们都试图打破理性和认知意识的自我概念[2],弗洛伊德向内,走向了内在性的自我,贝特森则往外扩展。贝特森在论及自己与弗洛伊德的差异时说:"弗洛伊德的心理学向内扩展了心灵概念,使之包括身体之内的整个传播系统:自主的、习惯的和大量的无意识过程。我正阐述

---

[1] 贝特森:《心灵生态学导论》,第427—428页。
[2] 可以回溯一下,在描述装置艺术的发展时,毕肖普将20世纪以来的装置的第一波浪潮视为用非理性的自我概念(弗洛伊德),并通过融入打造环境和梦境,来回应理性的自我概念。

向外扩展心灵的观点。这两个变化都缩小了意识本身的领地。某种谦卑成为适当之事,受到成为某个更大之物的组成部分的尊严或愉悦的调节。"[1] 贝特森将心灵向外扩展到"心-物"二分的身体边界或皮肤之外,同时突显了"有意识"和"无意识"自我的局限性。这里的"有意识自我"中的"意识"被等同于理性的认知,但贝特森认为,并非一切都是可以有意识地"知"的——他在后来的《心灵与自然》中进一步丰富了这种看法。

贝特森阐述了在他看来具有基本特征(也是人类心智特征的)的系统的特点。他发现,它们是一般生命系统的基本维度,包括由"生命元素"组成的生态系统,以及由人类构建的复杂控制论系统。在该系统中,自我不是一个以目的性的、以理性思考和行动来对抗外部对象世界的个体。它既是无意识的过程,也在与世界上的事物相联系时超越了自身,整个系统的信息交流运动被赋予了比任何特定部分更重要的地位。在这个意义上,心灵、自我和个体被视为更大的语境或环境的一部分,是整体的一部分。显然,这不仅表达了对二元论、理性自我(即"有意识自我")、目的论的不同看法,也在反对很大程度建立在这些要素之上的现代科学,所以贝特森认为,定量描述的解释效力十分有限。

现代科学理解物理的能量及其在宇宙中的相互作用,但从这一角度得出的方法论程序却将对生态系统的理解还原到仅仅是对"事物"的描述,因而定量方法不能对解释生命系统做出很大贡献。这种科学的态度、方法和思维也是自然与文化之间的分裂或二元论的表现。但

---

[1] 贝特森:《心灵生态学导论》,第 602 页。

贝特森认为，"自然"与"文化"并非两个独立且互不关联的世界区域，而是相互关联的大系统，涉及同一套形式上的规律性和结构上的制约因素，即相同的认识。对此，贝特森提出了我们需要一种新的思考方式——特别是对我们自己和自然秩序之间的关系的推断，需要与更广泛的科学、工业实践和思维决裂。最终，贝特森以"心灵生态"来表达所有生物体之间的交流性和相互联系。

控制论的认识论确立了贝特森的"心灵生态"的整体主义底色。这一方面针对科学的方法和思维，以及与之相关的西方二元论哲学传统；另一方面，通过审美来把握存在论意义上的连接性，超越孤立的作为自我意识的、目的性的心灵。贝特森将这种认识与审美经验联系起来，就像他在解释人类的精神系统与其他系统的连接点时指出的，一朵花包含"对称、不完全对称、复杂的交织图案等形式特征，这些特征表明（花）本身是受精神支配的形态发生（morphogenesis）"。[1] 换言之，这种联系或连接点表现为审美经验或者感性反应层面"认识"到了一种系统性的关联，是我们自我意识的延伸。贝特森借此论述系统与审美之间的关联。

然而一如前述，贝特森强调的"认识到"并非理性认知，而是审美感知的无意识维度，或者说是以审美来补充认知的不足："我不知道全部的补救措施，但意识可以通过艺术、诗歌、音乐和类似的东西得到一点点的扩大，通过自然史也是。所有那些我们的工业文明试图嘲弄和推开的生活侧面。"[2] 在这个意义上，贝特森认为审美具有整合

---

[1] Gregory Bateson, *A Sacred Unity: Further Steps to an Ecology of Mind*, New York: Harper Collins, 1991, p.170.

[2] Peter Harries-Jones, *Upside-Down Gods* (New York: Fordham University Press, 2016), p.222.

作用，并对应于他的整体视域，因此提出审美意味着对"连接的模式"的反应："连接的模式是一种元模式。它是一种模式的模式。正是这种元模式定义了巨大的概括，即确实是连接的模式。"[1] 这种连接性的整体主义使得贝特森的生态思想具有重要的意义，并持续影响后世的思想发展。

除了前述的从媒介生态延伸开的思想研究外，贝特森的生态转向蕴含着一种更深层的思想模式。著名的物理学家卡普拉（Fritjof Capra）在《物理学之"道"》中将贝特森的观点列为近几十年来在生物学和物理学领域形成新生命观和宇宙观的最重要来源之一[2]。卡普拉认为，这些新观点的特征包括从等级到网络、从部分到整体、从物体到关系、从事物到背景，是一个巨大的生命之网。贝特森提出的是一种关系性的世界观和生命观，在这个意义上，我们可以借助霍尔在"生态"的历史语义转变这一大视野下的精准描绘来确定贝特森观点的意义。霍尔提出"生态理性"，并从媒介演变的角度勾勒其谱系。在其基本描述中："系统理论首先证明了生态化的总体进程，它本身受制于这一进程，而且这一进程最终将超越它；换句话说，它证明了从现代主义向特定的非现代生态理性的过渡，这种非现代生态理性坚决反对现代主义理性的不足、简化和扭曲。"[3] 反映在贝特森的思想演变中，是他从对人类学方法的基本反思，即从观察者与被观察者并非一个中立的主客关系开始，到受到控制论影响的认识论，以及以审美来把握

---

1 Peter Harries-Jones, *Upside-Down Gods* (New York: Fordham University Press, 2016), p.222.
2 弗里乔夫·卡普拉：《物理学之"道"》，朱润生译，中央编译出版社，2012。
3 Erich Horl and James Burton (eds.), *General Ecology: The New Ecological Paradigm* (London: Bloomsbury Academic, 2017), p.6.

连接性和整体，表达出对现代性的反思与批判。贝特森也因此更像是20世纪思想史上的一个坐标，他所代表的生态转向具有双重意义。

　　一方面，贝特森影响了20世纪中后期以来的跨媒介艺术及后续的生态艺术运动，这些运动表现了艺术层面对现代性框架的反思和批判；另一方面，贝特森的"心灵生态"又代表着主体性的扩展，主体（人）与非人和"环境-系统"的连接性，已成为后续技术现实发展至今的一种常态。这种双重特征突显了我们正在面临生态转向以后的环境形态。如果说在20世纪中期——即本章所述的——基于科技的跨媒介艺术，呈现了在科技发展背景下的感受力之变，那么当前的技术现实在历经新一轮的技术泛化后，已逐步实现瓜塔里在20世纪80年代预言过的"行星计算（机）化时代"，即以计算机为代表的信息通信技术，实际上正在被整合到一个复杂的综合体中，人的介入与机器的创造在此综合体中变得不可能"分开"。相应的，它带来的一个显著结果是：技术现实与数据环境层面的演变。

　　技术和数据处理革命的加速，就像由计算机辅助的主体性的惊人增长所预示的，将导致一系列人与非人之间的开放与生成：人与技术在实现某种合体化，这与主导性的现代性叙事拉开了差异。就像拉图尔所言，整体主义和"整体关联"早已被现代性掩盖，因为现代性意味着"失去关系的经验"——将众多关系缩减为少数的基本关系，所以拉图尔以"生态学"之名，提倡一种新的关系性的本体论现实主义。如今，有关"生态"的讨论已经扩散到更宽泛的议题上。然而，贝特森的这种关联性和整体主义思考只是其中的一个侧面，借助了人与非人系统相结合的思考路径，特别是与现代主体相关的"能动性"的概念正在与新的环境形态结合。从能动性和行动的角度来看，数字生态包括了主体性的转变——特别是与意义相关的艺术和文化模式的转变，因而数字生态不仅仅是数字基础设施和地理的数字化转向的问题，还始终与行动以及行动发生于其中的结构性转变有关，这使得对于数字生态的思考不只是考虑技术问题，还包括"艺术－文化"和更重要的主体及其暗含的人的自我定位问题。

第四章　扩展的主体：数字生态诸要素

以贝特森为代表的控制论思想范式预示了当代社会中的"生态转向"，贝特森从认识论角度分析了生态转向的必要性，并提出以美学和艺术为可能的发展方向。不过，贝特森的想法除了影响在第三章中论述的部分艺术家的跨媒介创作外，并未直接影响20世纪中后期艺术的发展。然而贝特森的思想仍然具有两个关键意义，也造成了深远的影响。其一，贝特森影响了其他跨学科领域的思考，如生物学和物理学；其二，"心灵生态"是后人类主义在技术环境中讨论主体的一个思想来源，并在新的技术现实，亦即数字生态中发挥着越来越重要的作用。在过去20余年里，非人的技术系统加速构成了新的生存环境，使得当代的思考者和研究者能重新审视主导着现代思想上百年的有关主体与人的论述。

与思想范式上的生态转向同步改变的，还有技术环境朝向数字生态的转变，以及身处其中的主体的转变。随着技术环境的不断变化，世界范围内有关现代主体的讨论的一个重点是关注"能动性"[1]的变化，特别是就能动性在数字时代的处境展开了深刻且多样的讨论。这关系到能动性与人（或非人）的关系、能动性的复杂化及其与技术环境的共生状况，以及能动性是否受制于技术的霸权等诸多的具体问题，但它们始终围绕着数字生态中的一个新现实展开：扩展的主体。

1　艺术和人文学科研究中的相关研究，可参阅第一章注释中的相关文献。

第四章　扩展的主体：数字生态诸要素 | 157

在贝特森以后，或者说从控制论时代走向数字技术的大规模应用之后，技术环境中的更多个体通过数字技术，积极地介入更大范围内的意义协商与文化生产。这是艺术走向环境后，先前的阐释学主体和意义环境化在技术现实、技术文化上的对应表达，也是艺术语境的社会表现。更多个体介入广泛的意义和文化，一方面形成了强调关系的能动性的新形式，包括通过与他人积极互动而构建自我、参与公共生活、由信息数据系统引导行为等；另一方面，参与者又受到包括算法规则在内的技术环境的制约，新的形式则被视为与非人（或受人控制）的技术环境相结合的结果。导致有关主体能动性的论述，与传统中基于认知、意志与理性反思能力的能动性——换言之，阐释学主体或现代主体——形成鲜明的对比。这在几个具体维度体现了现代主体意义发生的扩展，包括能动性及其新形式，以及与能动性相关的文化形态和行为模式等。与此同时，正是它们构成了数字生态和身处其中的主体的几个关键要素。本章试图论述这些基本要素在数字生态中的表现。鉴于过去三十余年里已经存在有关于它们的一些不同讨论，这些讨论仍对当代的艺术界产生影响，本章将通过这些不同进路来呈现主体在数字生态中发生扩展的具体表现。第一个步骤是突显有关数字生态的认识论要素。

4.1　能动性：技术环境中的分析进路

在由数字技术推动形成的新环境形态中，主体和与之相关的能动性的变化，在当代的几种分析进路中表现了出来，本章将集中关注后人类主义、后霸权和后数字三种进路，并阐释它们在生态转向后的异同与不足。"后人类主义"从技术环境与主体的关系角度，将"数字"视为技术或物质的更新，讨论"数字"的阶段性历史特征或人与非人相结合的形式，如何导致能动性变得复杂或非意识化。这种看法认为，由于人类与技术环境是共生的关系，进而突破或更新了有关现代主体的看法。然而，由于后人类主义容易滑入技术决定论，本章会在"后人类"进路之后，引入从社会经济与治理角度出发的"后霸权"进路。尽管它能显示后人类进路分析的不足，但它容易落入社会决定论的窠臼。因此，本章最后试图引入"后数字"进路，阐明数字生态中出现的新的主体形式和意义诉求。

4.1.1　能动性：从启蒙传统到后人类主义

能动性是指行动的能力或权力。随着数字通信技术助推而成的技术环境成为人类行动的基础，技术环境也与能动性密不可分。它除了是分析能动性的关键要素，其本身也变得更加重要。在讨论新状况下的能动性时，有必要简要回溯有关能动性的基本论述。对于能动性的哲学分析，历史上有两条围绕启蒙传统展开的基本路径，它们塑造了现代以来有关主体、行动和社会的基本看法。

第一条路径源自启蒙传统的哲学与伦理学，它从个人层面出发，认为能动性立足于理性的个人，是以个人的自由意志、自我的反思能力、理性与行动的意向性为基础。奠定这种看法的基本前提，是将能动性与个人的自由意志以及反思能力相结合——例如笛卡尔关于"我思"的存在论反思被康德转化为关于实践的理性根基，并构成了这一传统的关键时刻。一个具有能动性的行动者不仅是有自发性的认知主体，而且是能为自己立定道德法则，并据此而行动的具有自主性的实践主体。奠定在自由与理性自主之上的立法规定了道德的法则，也确定了人的尊严。甚至有人指出，由此推导出的契约划定了社会生活的公共规范乃至政治基础[1]。而"自主"也被认为是主导了自我规定与自由意志的当代概念，甚至证明了自由的道德与政治价值[2]。

第二条分析路径将能动性置于"社会－关系"要素中。在哲学层面，黑格尔对康德式理性的历史或语境化处理是这类分析中的一条关键线索——后经由狄尔泰、哈贝马斯及当代的社群主义等得到延续。这种分析认为，启蒙传统的能动性是一种不受限的意志及个人主义的能动性。与此相关的是将能动性置于历史与物质层面，例如马克思指出："人们自己创造自己的历史，但是他们并不是随心所欲地创造，并不是在他们自己选定的条件下创造，而是在直接碰到的、既定的、从过去承继下来的条件下创造。"[3] 受到马克思的影响，阿尔都塞将这种相对隐晦的约束条件或历史情境转换成意识形态国家机器，包括宗教的、教育的、法律的、工会的、传播的、文化的等[4]。借用 20 世纪英国哲学家伯纳德·威廉斯（Bernard Williams）对"启蒙－康德"式能动性

---

[1] 见当代康德主义者的论述如：Christine M. Korsgaard, *The Sources of Normativity*, (Cambridge: Cambridge University Press, 1996). Christine M. Korsgaard, *The Constitution of Agency* (New York: Oxford University Press, 2008)；奥诺拉·奥尼尔：《迈向正义与美德：实践推理的建构性解释》，应奇、陈丽微、郭立东译，东方出版社，2009。

[2] Dorota Mokrosinska, "Privacy and autonomy: on some misconceptions concerning the political dimensions of privacy," *Law and Philosophy* 37, no.2 (2018): 117-143.

[3] 马克思：《路易·波拿巴的雾月十八日》，人民出版社，2001，第8—9页。

[4] 赫伯特·马尔库塞：《意识形态和意识形态国家机器——研究笔记》，载陈越主编《哲学与政治：阿尔都塞读本》，吉林人民出版社，2003。

的批评，第一条分析路径中的能动性不仅脱离了与客观情境相关的历史偶然要素，也脱离了环境的约束。这种能动性面对确定的情境，意味着理性主义、意志主义与个人主义的能动性，忽视了带有偶然性或不确定性的"社会－关系"因素，是一种不受限的意志的产物[1]。

然而，随着技术环境改变了对于"社会－关系"要素的理解，对能动性的自我规定的形式不仅与外部规处于生产性的张力中，由媒体、信息与技术构成的技术环境还构成了其外部规定的基本形式。因此，能动性必然面对技术环境的新状况，麦克卢汉称之为"媒介是人的延伸"。媒介与技术，通过"延伸"我们的身体能力改变了我们的思想和身体，再作用于人类行动者。最新的技术进步则进一步挑战关于能动性与人类能力的基本想法，包括新媒体技术、机器学习与人工智能在经历复杂的"能动"行为[2]。先进的技术以越来越复杂的方式与人类进行交流，从智能助理，到社交媒体的商业算法，再到尖端的机器人，而与互动机器的接触往往也导致人类与技术之间产生复杂而亲密的关系[3]。

不同学科以不同的论述回应这类挑战。在讨论由新兴技术的人工制品造成的社会影响时，传播和媒体研究学者经常关注人们如何使用这些工具，以及是为了什么而使用的，因此他们强调社会环境在技术使用中的作用[4]。就像第三章提到的拉图尔，他以"行动者网络理论"

---

[1] Bernard Williams, *Moral Luck* (Cambridge: Cambridge University Press, 1981), p.20.
[2] Vasant Dar, "The Future of Artificial Intelligence," *Big Data* 4, no.1 (2016): 5-9.
[3] Ed Finn, *What Algorithms Want: Imagination in the Age of Computing* (Cambridge: MIT Press, 2017).
[4] 例如 Anne Balsamo, *Gendering the Technological Imagination* (Durham: Duke University Press, 2011)。

将人和非人角色之间的紧张关系理论化，同样，通信与媒体学者也关注用户从能够行使广泛能动性行为的技术中获得意义的不同方式[1]。在这些讨论中，能动性从在启蒙运动中作为自主且具有意向性的主体的内在能力，转换为由作为对象物的人工制品构成的技术环境及其与人类主体的关系。

如果能动性发生了变化，那么实践行动必然有所不同，意义诉求与更广泛的政治、文化与经济后果也会不同。在有关于此的讨论中已经形成了一些具有代表性的分析进路，其中以海勒为代表的后人类主义将人与非人置于相互构成的关系中。她认为非人的技术环境对于能动性具有构成性作用，形成了"非思"的认知与行动状态。海勒指出，在传统的理解中，与认知相关的能动性受到人与技术（包括机器、代码、软件等）共存关系的影响而发生了改变：技术与能动性均转向了日常化的技术运作与环境构成，形成了一种非意识认知——由丰富的技术形式构成的技术环境影响了认知模式，并改变了能动性的构成。这具体表现在几个方面。

首先，技术环境的形成导致基于认知的能动性的基本构成扩展到更宽泛的环境中。海勒认为，随着信息通信技术中的网络与服务器、软件与编码运作等遍及日常生活，我们不得不生活在一种从基础设施、运行空间到数据与智能设备都被技术环绕的环境中，人的认知与行动模式也必然改变。因此，我们不再可能按照原有的方式思考人：人不再只是能够思考的无羽毛的双足动物，而是一种"混合生物，他将有

---

[1] Sonja K. Foss, William Waters & Bernard Armada, "Toward a Theory of Agentic Orientation: Rhetoric and Agency in Run Lola Run," *Communication Theory* 17, no.3 (2017): 205-230.

意识的头脑的理性与机器的编码操作包含在自身中"[1]。然而，技术基础设施不仅大量收集信息，还进一步形成人做决定的条件，即技术的角色从基础设施转换成能动性得以可能的条件，或者说是人类行动者的协作方："在高度发达和网络化的社会中……人类的意识只是处在一个巨大的数据流金字塔的顶端，其中大部分过程发生在机器之间。"[2]

通过与技术相结合，认知形成了一种不再局限于人类的"认知领域"，这是一个共同发展的、密集的相互联系的复杂系统[3]。就此而言，海勒的论述指向两方面：其一，复杂多样的技术形式与人的紧密关联使得认知被理解为与更宽泛的环境相结合，不再局限于传统的人类理性、自我反思能力，由是拓宽了基于此理解的能动性；其二，与环境的结合导致技术的背景性特征，即技术在人的不知不觉中运行，因此我们面对的是具有认知潜力的主动和互动技术，但它们不需要人类的能动性来运作[4]。这预示了人类能动性属于更广泛的相互联系的能动性集合体。

其次，受技术环境影响而改变的认知模式表现出"非思"的特征。海勒通过阐述混合的生物与协作的认知模式指向启蒙传统中关于人的见解，这首先表现在"意识"与"思"（thought）的差异上。她认为，这里的"思"涉及高阶推理，通常会使用语言，而认知的范围远大于此，

---

[1] N. Katherine Hayles, *My Mother Was a Computer: Digital Subjects and Literary Texts* (Chicago, IL: Chicago University Press, 2005), p.192.

[2] N. Katherine Hayles, "Unfinished Work: From Cyborg to the Cognisphere," *Theory, Culture & Society* 23, no.7-8 (2006): 161.

[3] 同上书，第165页。

[4] N. Gane, C. Venn and M. Hand, "Ubiquitous Surveillance: Interview with Katherine Hayles," in *Theory, Culture & Society* 24, no.7-8 (2007): 351.

存在于所有生物生命形式和许多技术系统中[1]。认知在这里被理解为在将信息与意义相联系的背景下解释信息的一个过程[2]，而"解释"被理解为既与选择有关，又与能动性的条件相关，特别是"这里的选择并不意味着'自由意志'，而是由备选行动方案中的程序性决定，就像一棵树移动它的叶子从而吸收最多阳光并非意味着自由意志，而是执行编入遗传密码的行为"[3]。可以说，海勒通过挑战人与非人的二元对立扩展了认知概念并提供了另一种区分：认知者与非认知者。其中一方是人类和所有其他生物生命形式，以及许多技术系统；另一方是物质过程和无生命物体[4]，包括复杂的技术系统，如网络基础设施与智能设备，这导致认知在意识模式无法触及的神经元处理水平上运行——为了"使吸收缓慢、处理能力有限的意识不被每毫秒流入大脑的大量内部和外部信息所淹没"[5]。海勒称这种新的认知模式为"非意识认知"，即非思的。

最后，后人类进路通过切断人类意识与认知之间的联系，将有关认知的理解扩展到人类意识边界之外反复不断的活动上。自启蒙运动以来，能动性与具有自我反思性、自由意志且自主的人类意识相关。但后人类主义指出，非意识认知意味着认知分布在环境中，与之融合。因此出现了一种替代性的能动性：能动性及其可能条件分布在环境中。

1　N. Katherine Hayles, *Unthought: The Power of the Cognitive Nonconscious* (Chicago: University of Chicago Press, 2017).
2　同上书，第 22 页。
3　同上书，第 25 页。
4　同上书，第 30 页。
5　同上书，第 16 页。

我们可以以一种频繁发生在日常生活中的情况为例：当我们以智能设备和地图导航前往某地时，我们会输入信息，但智能设备的速度是如此之快，以至于我们不仅没有做出反应，更是没有能力、没有注意力去注意或跟踪无数的传感器数据、数据库请求，也无法参与"即将前往某地"的算法过程。按照海勒的分析，快速的智能导航已经决定了我们行动的可能性。这意味着能动性不只与传统的"认知者"挂钩——不只是与具有理性能力等特征的人挂钩，还分布到智能设备及智能环境中，包括智能设备、技术接口、无人机，以及更大尺度的智慧城市大脑、金融科技的高频衍生品交易，以及卫星定位分析等层面发挥作用。由此可见，在后人类的"非思"视角下，"计算"走出盒子、走进环境，改变了人及其能动性。

后人类进路将人与非人的相互关系视为能动性的构成性要素，突破了启蒙传统及其有关人的见解。也显示了在贝特森之后，心灵生态所预示的生态转向的意涵：主体性日益扩展，与技术相结合，环境则日益成为数字生态系统，但却是与治理和生产日益相关的生态系统。能动性不再是自主主体的行动能力，而是与非人因素相结合的治理和生产要素。这与安迪·克拉克的"分布式心智"（distributed mind）概念相呼应，也符合奈杰尔·斯里福特的"认知资本主义"（Knowing Capitalism）研究中的"技术无意识"，即强大而不可知的信息技术的运作，同时"生产"日常生活。这在能够选择、解释和领会的能动者与那些不能这样的能动者（非认知者通常是物质过程）之间划出了一条界限。然而，后者的牵制作用导致后人类主义进路易于滑入技术决定论，即强调能动性受到非人系统的影响，而忽视了非人系统本身的建构性及其价值与规范性取向，也容易在宏观层面忽略人类系统对于非人系统的能动作用。

4.1.2 "后霸权"视角下的能动性与主体

心灵的生态化似乎并未朝贝特森设想的方向发展，尽管主体成了技术环境或技术生态中的关键要素，但更多发挥着生产的作用，从这个角度看，海勒提出的能动性的变迁与环境的变迁密切相关。也可以说，环境的变迁表达了福柯所谓的"治理"的环境化，或者对环境的治理，是对能动性的治理。那么基于"数字"的技术更新则代表了新的权力实施与控制机制。对此，著名的新媒体理论家，也是从事社会学与哲学研究的斯科特·拉什（Scott Lash）提出的"新的新媒体本体论"有助于我们在后人类视角之外理解新的存在状况。拉什将奠定了能动性和主体变迁的本体论细化为一个基础的分析视角：技术环境及其日常运作暗含了一种"生成性规则"（generative rules），导致权力从人的内部实施并构成能动性的可能性条件。这引发了在生态转向之后，对数字生态中能动性的受控状况需要一种政治性的分析，拉什称之为"后霸权"。

"后霸权"基于"新的新媒体本体论"。拉什对此解释道："在信息秩序中可能发生的是这样一种本体论和认识论的崩溃。本体论本身越来越是认识论的。当然，信息的概念也意味着这一点。信息化的存在还能是什么？同样，认识论或认识模式也越来越多地成为存在模式。存在总是必然转变为分类模式。"[1] 拉什指出，由数字技术构成的

---

[1] Scott Lash, "Dialectic of Information? A Response to Taylor," *Information, Communication & Society* 9, no.5 (2006): 581.

环境发生了本质性的转变,最明确的特征是信息技术现在是"组成"或"构成",而非"中介"我们的生活。诚如罗杰·博罗斯(Roger Burrows)证明的,"构成社会和城市结构的'东西'已经发生了变化——它不再仅仅源于社会关联和互动的综合体的新兴属性。这些关联和互动现在不仅被软件和代码所'中介',而且正被它所构成"[1]。

后霸权进路将数字环境视为本体论意义上的现实和存在方式,并促成了一套主宰日常生活与行动的新规则。因此,考察数字技术环境中的能动性必须贯穿引导行动的规则,而该进路又分为数字技术环境的本体论,以及权力的运作方式和规则的变化两个维度,前者强调数字环境的基本特征,后者呈现新出现的规则。

(1)数字环境:从认识论到本体论

数字技术环境最基本的特征是从认识论维度过渡到了本体论维度。不同于将"媒介"理解为是起传递作用的中介者,后霸权进路将这些中介者传递的信息理解为实现认识的方法,因而具有认识论含义。但随着其形式变得更为多样且必不可少,最终不是导向认识论的手段变得更丰富,而是改变了生活的形式。换言之,具有认识论含义的信息如今变成了本体论的,认识论或认识模式越来越多地成为存在模式。因此,在数字技术环境中,本体论越来越"认识论",而存在则越来越依赖于数字化。例如,从地图导航、智能设备到数据算法的日常案例均表明,技术、信息与新媒体等不是生活的中介性要素,而是生活

---

[1] Roger Burrows, "Afterword: Urban Informatics and Social Ontology," in *Handbook of Research on Urban Informatics, Hershey*, ed. M. Foth (PA: Information Science Reference, 2009), pp.450-454.

的构成性要素。然而，生活本身的技术化与环境的数字化致使数字环境以我们不知道，也无法知道的运作方式影响着我们的行为[1]。由此，后霸权进路将后人类进路中人与非人系统的关系及其构成问题，转化为本体论问题。

这种数字时代的"哥白尼革命"将有关人的认知扩张，转向从存在的条件角度考察行动的前提条件的变化。数字环境不再是外在地控制行动，而是与能动性的可能条件相结合，从内部运作并密集地发挥作用。就像在追踪技术中，追踪数据、痕迹与行为轨迹可以将人的能动性集中化，其背后的算法参与递归过程，通过将行为的数据集中，再分流引导人的行动。最终，导致能动性的可能性条件依赖于环境的构成性要素，而行动的发生不再是纯然的自由意志与理性能力发挥意向性的效果：越来越多的行动开始依赖算法程序与自动化系统，并被纳入分布式的网络环境。在我们已经习以为常的移动设备、建筑、汽车和城市的基础设施中，新的传感和定位技术嵌入其中，创造了一种信息秩序，一种不被我们注意的秩序与规则。

（2）能动性的生成性规则

在数字技术环境中，能动性开始受制于一种新的规则——借用拉什的说法——"生成性规则"[2]，并极大地改变了先前的人类社会的规则。拉什指出，人文学科与人类社会中原本存在着构成性规则（constitutive rules）与调节性规则（regulative rules）。前者犹如宪法

---

[1] Scott Lash, "Power after Hegemony: Cultural Studies in Mutation," *Theory, Culture & Society* 24, no.3 (2007): 55-78.
[2] 同上书，第71页。

或基本的游戏规则,缺少它们,小到游戏大至国家均不复存在;后者是指,一旦我们进入某个游戏领域,我们行为的规则就会受到管控。拉什对生成性规则的界定饶有意味:"'生成性'规则是产生各种各样实际者(actuals)的虚拟者(virtuals)。它们被压缩也被隐藏起来,我们不会像遇到构成性规则和调节性规则那样遇到它们。但第三类生成性规则在我们后霸权秩序的社会与文化生活中愈发普遍。"[1]根据这种说法,"生成性规则"在此显然具有两个重要维度。

一方面,"生成"有三重含义。第一,它与人的行为及其能动性相关,致使行为的发生。第二,它与人的行为共生演变,不是外在构成,而是内在生长,因而拉什才称之为由"虚拟者"产生。这种虚拟的控制者不再完全是规训性的,进而与福柯和德勒兹在权力批判理论中提出的洞见形成呼应,即权力不是通过禁锢来运作,而是以不断地沟通来产生一个充满权力支配的系统,是关于生命政治的控制[2]。这也影响了关于算法与数字技术环境的批判性论述,戴维斯与舍茨的研究表明,算法、人工智能和其他量化技术的特定部署对人类的能动性和自我形象产生了不利影响,我们被视为"统一的、平均的、平滑的"[3]。第三,生成还意味着它能制造或生产新的权力规制,并与资本主义的权力运作相关,因此,对技术环境中的能动性的理解在经历从认识论转向本体论后,引向了权力结构与权力机制的转型,最终对其提出了新的认

---

[1] Scott Lash, "Power after Hegemony: Cultural Studies in Mutation," *Theory, Culture & Society* 24, no.3 (2007): 71.
[2] Gilles Deleuze, "Postscript on the Societies of Control," *October* 59 (Winter, 1992): 3-7.
[3] Davis, Joseph E., and Paul Scherz, "Persons without Qualities: Algorithms, AI, and the Reshaping of Ourselves," *Social Research* 86, no.4 (Winter 2019): xxxiii-xxxix.

识与批判。

另一方面，由于权力机制从话语层面转向了"存在－真实"层面，技术环境中的权力不再是一个认知判断的问题，而是一个存在（being）的问题[1]。曾经的话语与认知手段由此变成了存在的基础，在以前是广泛地从外部运作的权力，如今转为了内部运作，文化研究中基于话语、表征与认知判断的霸权批判也发生了相应转换。换言之，在数字技术环境中，能动性受制于权力的结构与机制，但从权力至上的制度转变为作为生成性力量的权力：权力进入我们，并从内部构成我们，我们被牢牢地定位在"内在性"——一个包罗万象的虚拟的、生成性力量的地界中[2]。因此，能动性的可能性条件不仅受制于社会关系要素，更受制于新的权力规则。人的选择、认知与行动能力，跟生成性规则及其资本主义的生产紧密相关，这要求我们重新审视第一轮文化研究霸权主义浪潮的政治倾向，以便在后霸权主义的背景下将相关分析重新政治化[3]。

基于数字与技术环境的特征，后霸权进路对能动性的分析从认识论转向了存在论，并以其中的权力运作指向政治分析与资本主义批判。这与针对数字社会、算法研究和网络批判的政治经济学批判形成了呼应关系，但是从存在与认识层面剖析权力的规则；另一方面，它将后

---

[1] Scott Lash, "Power after Hegemony: Cultural Studies in Mutation," *Theory, Culture & Society* 24, no.3 (2007): 56.
[2] 同上书，第 71 页。
[3] 关于"文化转向"的非政治化批评，包括特里·伊格尔顿：《理论之后》，商正译，商务印书馆，2009；Kate Nash, "The Cultural Turn in Social Theory: Towards a Theory of Cultural Politics," *Sociology* 35, no.1 (2001): 77-92。

人类主义进路中的人与非人的关系概念，从认知维度扩展到本体论维度（认知与权力存在其中）。对于能动性而言，人在数字技术环境中的认知、决策与行动均被置于"社会－关系"要素之中。因而除了在微观层面将能动性的可能性条件与分布式认知和技术背景性运作相结合外，还丰富了人与非人相结合的论述。与技术决定论相反，人与非人领域之间的分离是它们相互构成的（不稳定）产物，而非彼此互动的起始[1]。然而它们的不足亦非常明显。

第一，人与非人的关系奠定了二者的基本逻辑，海勒关注人与非人的技术环境如何相互构成，突破了以人为中心的能动性，也突显了非人系统在改变这种关系时的关键作用。拉什认为，非人的技术环境由涉及人的政治经济要素决定，它们对于经验案例来说极为有效，但局限于微观要素的相互作用，未能审视更大的结构变迁，因而无法提供任何宏观视角。

第二，二者均将非人系统与数字时代中的"数字"视为技术的更新，继而影响到能动性与社会的变迁，最终从批判维度指向不断升级的"黑箱控制"与资本主义新精神的悖论式演进，这弥漫着过去被破坏，而现实动荡不安的末日状态。

第三，海勒的看法容易落入某种形式的技术决定论，而拉什的看法表现出某种形式的社会决定论，二者的差异在于非人与人发挥着不同程度的作用。因此，有必要引入一种更为广泛的技术文化视角，探索回避技术决定论与社会决定论的可能。

1　Bruno Latour, *Reassembling the Social: An Introduction to Actor-Network-Theory* (Oxford: Oxford University Press, 2007).

4.1.3　后数字进路：技术文化视角下的能动性

以海勒和拉什为代表的分析进路试图重新界定能动性与权力在由人与非人、有机体与无机体构成的关系性（或网络化）能力中的存在方式。这种看法认为能动性的变化源自它与技术环境之关系的变化。然而它们没有解释这种关系本身发生变化的条件，特别是与之相关的宏观结构的转型以及生存于其中的个体寻求意义诉求的方式的转变。这种"意义"诉求的变化，是"心灵生态"在技术环境中的一个直接表现。即主体的扩展还意味着意义的扩展，意义变得更具关系性、集体性和共同性，也代表着阐释学主体之后的新的意义文化。这要求我们不再把技术环境或数字环境理解为一种新的环境形态，而是具有心灵意义的生态，是我们正在走向的数字生态。

为了进一步阐释这个问题，我们可以引用近年来兴起的"后数字"视角。荷兰学者弗洛里安·克莱默（Florian Cramer）和瑞士学者菲利克斯·斯塔尔德（Felix Stalder）是后数字进路的代表。他们从技术文化角度对数字技术环境进行了阐释,既拒绝后人类进路中的二元区分，也拒绝后霸权进路在"新""旧"媒体之间的区分及其意识形态内涵。他们认可前述两条进路花了极大的精力来重新界定能动性，赞同权力机制在人与非人、有机体与无机体之间的关系性的或网络化能力中存在的方式，但认为这样的二分法已经被数字、模拟、"新"与"旧"，以及介于两者之间的生产和分配形式之间的许多复杂关系和相互依赖所取代。因此，理解数字技术环境中的能动性问题，关键在于理解其新的表现形式及其与宏观的社会结构转型之间的关系，关注的重点应该在考虑技术更新的同时，考察行动与社会和文化意义的关系。

将能动性问题置于宏观的社会结构转型,以及生存于其中的个体寻求意义诉求的方式转变中,一方面回应了生态转向之后围绕技术现实的生存状况;另一方面,也澄清了在技术环境(技术生态)中主体性的变迁或扩展不仅是与技术相结合的后人类的主体构建问题,还涉及意义的环境化与关系性的整体关联问题。也可以说,能动性与技术环境在关系上的变化不是基于技术基础设施的"数字化"更新。所谓的"新"技术,是在已然进行的社会转型过程的背景下发展而成的。与此同时,能动性的变迁也会导致其他与主体相关的要素的变迁,包括数字生态中的文化生产方式和伦理准则等。因此,能动性的形式变化暗含了行动的方式、诉求与意义发生变化的结构转型,而新的形式又会影响结构的后续转型。这已经表现在近年来的数字文化和日常实践中,例如免费的网络百科、网络文化中的"二次创作"、基于CC许可协议(即"知识共享",Common Creative)的创意交流与信息共享等,它们构成了庞大且不受传统使用限制的信息和知识资源库,突显了数字生态中的主体行为方式。借用菲利克斯有关后数字的看法,这些文化形式和日常想象表明能动性在数字技术环境中出现了三种新形式:指涉性、共同性与算法性。它们呈现了技术进程中的社会进程,也可以说,能动性是人类行动在此交织进程中的具体表现。

首先,在数字技术环境中,更多的个体凭借技术手段而将自己纳入文化的进程。例如行动的形式变为个体通过通信技术而从混乱的信息中过滤,并筛选他们认为自己,以及与之相联系的人值得关注的东西来发布、分享或点赞。这在事实上介入了意义的生产与自我构成的过程,个体由此成为意义与文化生产的核心,但要通过使用现有的文化材料进行创作或是介入现有的文化材料。因此,数字环境中的能动性或行动表现出强烈的指涉性：个体的行动必须关涉更大的语境与意义链。

其次，尽管更多个体参与意义的生产，但意义只有通过一个集体共享的指涉框架才能稳定下来。换言之，指涉性的实现需要一种共同的行动与文化"舞台"，个体的意义与文化生产发生在一个更大的框架内，形成了能动性的第二种新形式："共同性"。例如，维基百科等在线文化机构发挥着传统的图书馆无法承载的功能，众多个体的知识或文化生产在一个共同的指涉框架内确定下来，这意味着新的意义需要以共同努力的方式建立，并反过来调节成员的各个维度。

最后，"共同性"与"指涉性"一起奠定了能动性的算法性形式，"算法性"是指包含大量数据的算法和被自动化的决策在数字环境中发挥的基本作用。由于算法将大量的数据和信息转化为人类可以感知的规模和格式，没有算法，人类甚至无法理解或在数字环境的文化中行动。但也如斯塔尔德指出的，作为能动性的一种形式，算法性得以可能的条件是更多的个体以"指涉"其他文化材料的方式加入社会意义的协商中，以及以共同性为核心的指涉框架所发生于其中的宏观转型。那么，能动性的算法性形式得以可能的条件就不只是技术的"数字化"更新，还涉及技术的变迁与更大的文化语境的关系。诚如麦克卢汉所言："媒介研究的最新方法不光是考虑内容，还考虑媒介及其赖以运转的文化母体。"[1]

后数字进路表明，在"数字"成为主流前，文化实践与社会机构就已经受到影响，因而数字环境的技术进程与能动性背后的社会文化

---

[1] 马歇尔·麦克卢汉：《理解媒介》，何道宽译，译林出版社，2011，第21页。

进程相互交织。技术进程在塑造人们经验世界与自身方式的模式同时，也塑造了人们的能动性与行事方式。可以说，后数字的分析颠转了技术更新与社会变革的单向因果关系，将新的能动性形式引发的意义诉求与文化构成纳入视野，有助于人们理解数字环境中的能动性的具体变化。然而，如同后数字进路最重要的启示那样，这些能动性的新形式与更漫长的变革相关。对此，我们可以简要补充并分析菲利克斯提出的表现在"数字共域"中的主体的演变历程，通过更大语境下的主体与意义变迁来呈现数字生态的意涵。

4.2 新的主体形式：从"公地悲剧"到集体行动的历史变迁

"数字共域"是一个新的研究概念，但并非全新的范式，其学理根源是于 20 世纪 60 年代复兴并横跨生态学、经济学、政治经济学和社会学等领域的"公地悲剧"（Tragedy of the Commons）。自 20 世纪 90 年代以来，由于互联网与数字技术的发展，相关讨论会面对不同的情境，"公地"的研究也开始扩展为新的"数字共域"。近年来，"数字共域"已经作为批判性的交叉领域出现，含有以下几个维度：第一，在理论层面，"公地悲剧"中的"公地"问题扩展为数字"共域"后，之前的有限资源与无限使用、理性人假设与集体行动之间的矛盾，在数字共域转变为信息和数据的无限生产与开放使用，这导致了另一个维度的出现——"数字共域"的批判维度。针对资本主义的基本框架，数字共域开启了以合作和共享为特征的行动方式，并推动反版权运动、开放存取、知识共享等有别于基于私人占有和所有权的文化生产模式。不过，止步于政治经济学批判将让人们忽视数字共域更大的意涵，此时则出现了第三个维度——在数字生态中，这些状况与主体和文化的变革相关。为了实现个人的意义诉求，更多的个体积极参与文化进程，形成了以"共同形态"为特征的新的主体形式，并预示着启蒙运动以来有关"人"的基本见解将发生转变。

"公地悲剧"在当代是一个涉及交叉学科的研究领域，它围绕传统的公地，关注资源的使用、生产和治理，这在数字时代则扩展为无限的信息资源。这表明"公地"在其发展过程中重构了人类的资源生产、使用与治理方式，也改变了个体之间的相互关系和主体形式，因而从"公地"转向"共域"，是过去二十余年社会数字化转型在文化上的集中表现之一，也是数字生态中诸多主体要素集中体现的场域。在围绕公地悲剧的当代研究中，具有生态资源性质的"公地"使用之争转向了资源的公共管理和社会治理，又在引入信息领域后扩展为新的"数字共域"，结果是现代以来基于市场以及相关法律之上的主体形式悄然生变。对此，有三个关键阶段值得简述。

第一阶段，"公地悲剧"在学理上始于20世纪60年代有关资源的公地之争。1968年，美国生态学家哈丁（Garrett Hardin）在《科学》（Science）上发表的《公地悲剧》引发了"公地"问题的复兴。在此阶段，"公地"围绕生态资源的使用展开，并指向私人利益与集体行动之间的悖论。哈丁指出，在一片公共草地上，如果每位牧民都可以自由地使用公共草地，那么牧民会为了获得自己的最大化利益而不断地增加牧群数，最终势必导致公地被过度使用，以致枯竭。"理性的牧民"（rational herdsman）不断增加其畜群规模是因为他们从额外的放牧动物中获得了好处，而过度放牧的成本则由其他所有人分担。哈丁指出，假如"每一位理性的牧民都对公地"做出同样的决定，就会形成悲剧："每个人都被锁定在一个系统中，该系统迫使他无限地增加他的牛群——在一个有限的世界里，所有人都在向废墟奔赴，每个人都在一个相信公地自由的社会中追求自己的最大化利益。公地自由却为所有人带来了废墟。"[1]

身为生态学家，哈丁提出"公地悲剧"跟气候变化和资源危机相关。他指出："理性的人发现，他在排放到公地的废物成本中所占的份额，低于在释放废物之前对其进行净化的成本。由于这对每个人都一样，那么只要我们只身为独立、理性且自由的企业家行事，那么我们就会被锁在一个'弄脏自己巢穴'的系统中。"为了避免这种悲剧，哈丁从政治经济学角度提出了解决方案：要么基于私有财产权，要么围绕直接的国家管理来处理相关资源。这引发了大量的讨论。

经济学家认为，哈丁揭示了经济学中的一个传统假设的悖论，即个人的理性决策想让自己的利益最大化，却最终破坏了一种共享的益品（goods），并对其造成不可逆的损害。不过，哈丁的论点也至少包含四个方面的错误：第一，他持有关于私有财产的狭隘看法；第二，他预设了人们只会按自我利益行事；第三，他将共有的资源与开放的共有资源相提并论，认为在使用有关资源时，没有规则是理所当然的；第四，他认为只有两种可以避免悲剧发生的方法：私有化或政府干

---

[1] Garrett Hardin, "The Tragedy of the Commons," *Science* 162, no.3859 (1968): 1243-1248.

预[1]。在这一阶段，"公地"涉及基本的生态资源与经济博弈，触发了有限的资源存量与无限的需求之间的矛盾及其解决方案之争，也引发传统的理性人假设与集体行动的逻辑、基于市场和营利的生产模式与社会益品之间的关系等争议。然而它忽略了自治和社会合作等问题，这也成为"公地"在数字时代扩展的基本线索。

在第二个关键阶段，诺贝尔经济学奖获得者奥斯特罗姆（Elinor Ostrom）于1990年通过回应哈丁的方案，推动了"公地悲剧"的研究转向：将"公地"问题，从资源角度扩展到社会合作和治理维度。奥斯特罗姆通过经验和理论研究表明，从瑞士到西班牙、从尼泊尔到印度尼西亚，遍及全球的自然资源有许多成功的自我管理案例，包括牧场、森林、渔业、地下水源等。因此，被哈丁忽视的有关"公地"的合作不仅可能，而且在地方发展的机构和实践中，有时甚至会胜过分别由私有部门控制和专家监管的市场或是由国家驱动的系统。根据奥斯特罗姆的理念，在哈丁的论证中，commons并非单纯的"公地"，而是一种开放存取的案例，并由此引发"公地"转向"公共事物"[2]。

奥斯特罗姆将"公共事物"界定为："在这种情况下，一个有明确标志的团体的成员，有法律权利排除该团体外的非成员使用某种资源。开放存取制度（res nullius，包括公海和大气层的经典案例），长

1　Elinor Ostrom and Charlotte Hess, *Private and Common Property Rights*, Indiana University, (Bloomington: School of Public & Environmental Affairs Research Paper, 2007); Vangelis Papadimitropoulos, *The Commons: Economics Alternative in the Digital Age* (CA: University of Westminster Press, 2020).
2　这里的"公共事务"是奥斯特罗姆代表作《公共事物的治理之道》的中译者对"commons"的译法，它与"公地悲剧"中的"公地"是同一个词，这一译法本身也反映出"公地"在这一阶段的变迁与特征。

期以来在法律学说中被认为不对谁有权使用资源设限。"[1] 这构成"公共事物"的两个关键特征：低排他性和高可减性。例如一个开放存取的图书馆，它的使用门槛较低，所以排他性也较低，但它的可减性却较高，因为使用图书馆的人越多，它的可用性就会越低，所以需要有相应的合作和治理进行调节[2]。因此，奥斯特罗姆将"公地悲剧"中关于生态资源的开发和使用问题转向了社会系统，尤其是社会治理和社会关系。

这种转向对于后来的"数字共域"有三方面的意义：第一，奥斯特罗姆指出了隐含在哈丁论证中的一个假设：人们之间不会沟通。[3] 而一旦考虑到沟通，那么"公地"问题将导向"治理"问题，而信息通信技术极大地催发了沟通与沟通的"产品"，因此，这最终会导向对"信息-数据"的治理；第二，"公地"不是指单纯的"物"或某种"物品"，而是至少涉及三个维度的组合体——资源、集体性和治理三者的方式，它们也是数字共域的基本要素；第三，"公地"指"既不像国家，也不像市场"的东西，它打破了在资源问题上的私有化和政府管理之间的二分法，并表明存在"多中心"的治理体系[4]。如奥斯特罗姆认为的，公共和私人工具的丰富混合被运用于各类机构，而政府、私人和共同体机制在某些情况下都能发挥作用。这些基本看法为第三

1　Elinor Ostrom, "Private and Common Property Rights," in *Encyclopedia of Law and Economics*, eds. B. Bouckaert and G. De Geest, (UK: Edward Elgar), pp.332-379.
2　Elinor Ostrom and Charlotte Hess, *Private and Common Property Rights*, p.9.
3　Ostrom.E, Gardner.R and Walker.J, Rules, *Games, and Common-Pool Resources* (MI: University of Michigan Press, 1994).
4　埃莉诺·奥斯特罗姆：《公共事物的治理之道》，余逊达、陈旭东译，上海译文出版社，2012。

个关键阶段奠定了基础。

在第三个阶段,数字技术、互联网和网络社会的发展推动"公地悲剧"中的"公地"被引入信息领域,并扩展为新的数字"共域"。一方面,在"自由软件"和"维基百科"等数字共域中出现了新的生产方式;另一方面,它们导致了新的研究范式。其中,具有代表性的是受传统"公地"研究和奥斯特罗姆影响的哈佛大学法学院教授本克勒(Yochai Benkler)。他基于卡斯特尔(Manuel Castells)的"网络社会"框架,发展了一种激进版本的"数字共域"。本克勒指出,由于网络社会的组织模式发生了转变:从等级制的管理变成去中心化的弹性组织,使用信息技术和信息数据的门槛也逐渐降低,然而,使用过程中产生的信息和数据量却不断增加,相应的使用权和所有权也会发生改变。因此,他将所谓的"公地"扩展为新的"数字共域"。

这种变化反映在本克勒提出的"基于共域的同侪生产"(Commons-based Peer Production)概念上:"相对于财产而言,共域的突出特点是没有一个人能对共域中的任何特定资源的使用和处置有排他性的控制。相反,受共域管辖的资源可以由一些(或多或少明确界定的)人中的任何人使用或处置,所依据的规则可以是'任意',也可以是相当明确的正式规则,并得到有效的执行。"[1] 按照本克勒的看法,"基于共域的同侪生产"是指信息、知识和文化生产的非市场部门,它们不是被当作私有财产来对待,而是一种开放共享、自我管理和拥有固定资本(如软件和硬件)的同侪之间的合作伦理。不同于"公地悲剧"中的有限生态

---

1 Yochai Benkler, *The Wealth of Networks: How Social Production Transforms Markets and Freedom* (New Haven and London: Yale University Press, 2006), p.61.

资源，在"数字共域"中，信息和数据"资源"具有无限性，对它们的使用不会因使用者的增加而导致资源的减少。而数字共域的资源本身的变化，也导致围绕它的所有权和使用权发生变化。

根据传统的理性人假设，最大化自我利益是人们的普遍动机，而所有权和合同是组织生产的必要条件，但它们并不适用于信息领域[1]。因此，尽管本克勒受到奥斯特罗姆的影响，他还是提出了"一种完全不同的共域理论"[2]。他对共域的定义如下："共域是另一种形式的制度空间，在这里，人类能动者不受市场所需的特殊约束，而且他们对自己的资源有一定程度的信心，某种程度上相信他们的计划所需的资源会被提供给他们。行动的自由和资源供应的安全，都是以不同于经济市场的模式实现的。"[3]这种"共域"不仅是制度化的，而且是非市场化，是不基于营利之上的，这为人们参与共域的动机和实践模式的改变奠定了基础；而参与集体行动的动机和实践模式的变化还意味着生产模式和文化模式的转变，试以数字共域的典型案例"知识共享"为例。

4.3 数字共域：从现代主体到数字生态中的主体

"知识共享"起源于20世纪80年代的"自由软件"和开源运动。

---

1 Yochai Benkler, *The Wealth of Networks: How Social Production Transforms Markets and Freedom* (New Haven and London: Yale University Press, 2006), p.41.
2 Yochai Benkler, "Commons and growth: The Essential Role of Open Commons in Market Economies," *University of Chicago Law Review* 80(2013): 1510.
3 Yochai Benkler, *The Wealth of Networks: How Social Production Transforms Markets and Freedom* (New Haven and London: Yale University Press, 2006), p.144.

它是一个非营利组织，如今已经从软件和代码领域扩展到一切文本、图像、影像和声音领域，并构成包括中国在内的互联网的实践规则。根据其基本定义："知识共享组织的主要宗旨是使得著作物能更广为流通与改作，可使其他人据此创作及共享，并以所提供的许可方式确保上述理念。知识共享是每个人相互交流的过程。在知识自由传递的同时，接收者的知识将被重建。换言之，知识共享不仅可以定义为知识转移的过程，而且可以定义为知识发送者和知识接收者之间知识系统的交互和重构。"[1] 可以说，知识共享的基本规则与数字共域的基本特征具有同构性。

首先，它们均发生在包括知识、语言、代码、信息、情感等在内的非物质和信息文化领域[2]，从而具有无限性，对它们的使用不具排他性。如前所述，在传统的"公地"中，资源是指有限的生态资源，在处理这类资源时，相关的共同体会形成实践规则来避免发生"悲剧"。这维系了资源与共同体的可持续性，也将使用者的身份与实践的规则结合形成一定的边界：认同这些规则的人组成的共同体具有排他性。而在数字共域中，数字资源的无限性突破了传统的边界限制：认同实践规则的使用者即可组成共同体。其次，数字共域的特性导致与之相关的"使用者"的范围不断扩展，即只要遵守"数字共域"或知识共享的使用规则，任何人都可以被视为该共同体的一部分。例如维基百科的使用者无需被某个物理空间所限定。最后，数字时代更广泛的行

---

1 https://zh.wikipedia.org/wiki/知识共享
2 Michael Hardt and Antonio Negri, *Commonwealth* (Cambridge: Belknap Press of Harvard University Press, 2009), p.xiii.

动方式发生转变，即知识或创意的生产和传播更具弹性，而不囿于严格的限制标准；以分享与合作为实际的行动方式，每个人都参与其中，但这种参与不会有任何的经济补偿。这些行动方式渗透在数字时代的日常行为中，并从两方面对现有的社会机制与现代的社会想象展开批判。

一方面，数字共域中的参与、合作和开放共享在行动的基本结构和动机模式上批判并冲击了现有的社会模式（亦为现代社会想象）：人们遵守知识共享规则和参与维基百科等数字共域是为了共同的目标而努力，参与者却没有任何的经济补偿。因此，数字共域的合作与分享源自更多元的社会动机，并形成了市场生产之外的生产模式。对此，本克勒还引用了来自演化生物学和社会科学的证据表明，互联网将人类本性中的合作因素突显了出来，甚至能够抵消自利的动机。这意味着科学对人类理性的理解从受竞争和可分离动机驱动的自利最大化者的模式，转变为以合作和各种亲社会动机为特征的社会性模式[1]。正如数字共域的早期研究者指出的，在推动"自由软件"的诸多社会动机中，享乐收益和间接占有的某种结合——创造的游戏乐趣、声誉、社会心理奖励和人力资本的增加，是参与基于共域的同侪生产者的一些间接收益[2]。最终，数字共域因补充了资本主义现有生产模式的自利动机而批判了现有的社会机制。

另一方面，数字共域对基于个人所有权的资本主义财产关系造成

---

[1] Yochai Benkler, *The Penguin and the Leviathan* (New York: Crown Business, 2011).
[2] Josh Lerner and Jean Tirole, "Some Simple Economics of Open Source," *The Journal of Industrial Economics* 50, no.2 (2002): 197-234.

了冲击。在应对传统的"公地悲剧"时，奥斯特罗姆等学者引入政治经济学的解决方案，基于所有权的法律成为市场或国家进行资源配置的核心。它们主导着基于个人权利、保护私有财产和促进市场交易的行为规范，在文化和知识生产中则形成了"知识产权"。例如对于发明、音乐、电影和文学艺术等创意产品，知识产权通过保护奠定在个人原创性之上的个人知识财产来保护相应的知识产权。

可以看出，"数字共域"由数字技术的进展推动而成，是传统资源转向信息和数字资源，并发展出新的使用和行动伦理的产物。它预示着现代以来基于市场或国家而管理资源，以及理性经济人假设与集体行动之逻辑的弊端。在这个意义上，"commons"不是某种具体的资源、物或东西，而是涉及社会治理和社会关系的实践方式。然而，数字共域中的实践仍然会生产信息，这些产物并非稀缺资源也不具有排他性，甚至不会为了维系共同体和资源的可持续性而假定"共同体"，并以一定的规则来监管资源。不同于此，与数字共域相应的是以"知识共享"等为代表的组织、交流和行为方式，它们试图保障知识、信息和文化产品的自由流通、存取和修改，形成了数字时代的生产模式，但也对基于个体之上的现代主体和法律概念造成前所未有的挑战。因而可以说，数字共域反映了一种新的主体形式的兴起，它以集体合作、共享、参与等行动与价值诉求为特征，与现代主体紧密相关，但又有所区别。

首先，主导性的现代主体基于启蒙运动以降的基本见解，即理性反思的、具有自由意志的意向性主体，也是"古腾堡星系"中基于印刷品而独自静默阅读的主体。这种主体形式代表着与之相关的交往与生产模式：自利的主体与其他同类展开合作。借用菲利克斯·斯塔尔德的总结："这种主体性诞生于一种高度特殊但又无处不在的经验——

独自静默地阅读印刷品。通过这一行为，个人以遵循一条有规律的抽象符号视觉线，通过个人推理评估自己获得的信息来理解这个世界，进而确定自己的位置。"[1] 然而，随着大众媒体和互联网的兴起，主宰了现代社会几百年的主体形式发生了决定性的转变。如今，人们需要在新的数字技术和信息交流网中不断地也即时地转化为与他人密切相关的形态：个体需要也必须与他人相联系，表达自己并收获反馈继而调节自己。这有助于个体进一步地发现自我、获取资源并确定自己的位置，最终构建主体。

其次，新的主体形式以动态的过程为特征，即诸多个体不断地以合作与共享来参与一种共同化的过程性实践。如前所述，参与数字共域的个体是生产资源和使用资源的合作者，他们相互之间合作、共享，例如个体会选择、借用并改造现有的共享材料来创造新的意义，并进一步共享它们。这既形成包括二次创作、混合、转发、引用等在内的数字现象，也表现为以"指涉性"为核心特征的交往方式。这种"指涉"也会受到由其他人构成的共享视域的影响：在数字时代进行混合、转发、引用，是为了参与更大的语境。因此个体的文化生产与意义诉求需要在一个共同的意义域中实现，并丰富其意义域。个体行动者在实现意义诉求的过程中不断地加入自愿行动的非正式组织，形成了一种非本质也非封闭的共同体，并且以共同协商为基准展开行动。借用菲利克斯·斯塔尔德的术语，这是一种名为"共同形态"（communal

---

[1] 菲利克斯·斯塔尔德：《数字状况》，张钟萄译，中国美术学院出版社，2023，第231页。

formations）的主体形式[1]。

　　这种"共同形态"不同于滕尼斯（Ferdinand Tönnies）有关"共同体"与"社会"的经典区分[2]。滕尼斯认为，前者是一个相对保守的结构和社会关系类型，"社会"将个体从前者解放出来的同时，又将其置入一个个相互分离的独立领域（如市场、法律、审美和道德等）。而"共同形态"代表着个体的行动需要介入并与更大的共同视域（或意义域）相关联，最终获得其意义。因此它以有别于现代以来的主体形式塑造了数字时代的文化模式，也被数字时代的文化模式（如数字共域）所塑造。

　　最后，"共同形态"是一种自愿组织的主体形式，具有协同的集体性特征，在结构上既不同于现代社会想象中的个体本位的文化，也不同于传统共同体的保守性质。传统的共同体趋于保守，因为每个个体在其中的位置和活动都受到多维的社会关系的制约。正如马克思和恩格斯在《共产党宣言》中表达的"一切等级的和坚固的东西都烟消云散了"[3]。但共同形态的主体形式更具弹性，参与其中的个体可以来去自如，并自主地协商规范，再加上数字共域的规模比传统的公地更大——甚至是全球性的[4]。因此，我们不是以基于公地的共同体来理解数字共域，也无需死守公地共同体的等级规范。

1　斯塔尔德对此做出了详细的论述，可见菲利克斯·斯塔尔德：《数字状况》，张钟萄译，中国美术学院出版社，2023。
2　参阅斐迪南·滕尼斯：《共同体与社会》，张巍卓译，商务印书馆，2020。
3　弗里德里希·恩格斯、卡尔·马克思：《马克思恩格斯选集》第一卷，人民出版社，2012，第403—404页。
4　Charlotte Hess, "Mapping the New Commons," *SSRN Electronic Journal*, July, 2008, https://ssrn.com/abstract=1356835 or http://dx.doi.org/10.2139/ssrn.1356835.

共同形态是自愿的但不是无私的，共同形态可以赋予参与者资源，将成员的注意力引向彼此，并通过共同的文化生产构建成员感知世界的方式，构建其设计自己，也设计自己身处其中的潜在行动[1]。因此，作为主体形式的"共同形态"以非正式的交流为特征，不以单纯的生产和牟利为动机。这最终表现为共同创造、共同保存和改变解释框架，是一种既非封闭也非本质主义的共同体，甚至可以由此开启新的社会想象。

4.3.1 现代主体与现代社会想象批判

数字共域涉及非物质的信息和数据共享，参与其中的行动者，基于非营利和非市场的社会动机在数字时代展开行动，这奠定了数字共域兼具资本主义批判与生产的双重特性。就前者而言，以"知识共享"和"维基百科"等为代表的集体行动代表着有别于传统公地的实践规则，它们以合作与共享为特征展开行动，与现代以来基于私人产权、原创性的个人主体形式，以及基于其上的资本主义生产形成对照，这使得数字共域形成了有别于现有的生产模式，并具有以主体来批判资本主义的潜力。就后者而言，数字共域的这种批判不如它们被设想的具有效力，而是被纳入资本主义的信息和创意生产环节。更重要的是，数字共域的批判针对现代的社会想象并为新的"社会想象"奠定了基础。

这里引入的"社会想象"是加拿大哲学家查尔斯·泰勒提出的一个术语，他用以指代西方自现代以来由道德秩序转变而形成的一种社

---

[1] Felix Stalder, *The Digital Condition* (Cambridge: Polity Press, 2017), p.91.

会想象,这最终构成了特定的社会形式。这种道德秩序始自17世纪的自然法理论,基于格劳秀斯和洛克等人的基本观点,即个人作为权利和义务的基础并演化为契约论、自然权利和财产所有权等现代社会的基本构架,它们与现代主体的概念并行不悖、相互支撑。可以说,数字共域展现了现代主体和现代社会想象的批判性反思,这种批判也有其必然根源。

自现代以来,财产、责任和国家制度源于作为社会契约基础的自然法,这将生产奠定在基于个人权利的法律保障上,但也从社会规范角度增强了资本主义的资源积累、私人占有与社会分化。诚如马克思在对资本主义和现代性的批判中表明的,现代法律和以个人主义为基础的自由意识形态,将权利的起源视为孤立的而非共同体的[1]。而主张人人参与、合作和分享的数字共域表明,基于个人的法律概念不仅值得质疑,由此而来的实践规范也有悖于更广泛的社会动机。这在数字时代的信息资源和知识共享中表现得更为明显,因此数字共域试图通过破除普遍自利的神话来质疑经典的理性经济人假设,质疑基于其上的新自由主义及其在数字时代的主导地位。诚如克里科里安指出的,数字共域不是专注于通过限制公众的权利来为个人创作者提供经济激励或奖励以促进分享,而是旨在保护受版权保护的作品,进而防止私人圈地,允许存取所有人的知识[2]。因此,数字共域从行动和关系结构层面,对数字资本主义及诞生于其中的现代社会想象展开了批判,并

---

[1] 对此可见福克斯的分析,Christian Fuchs, *Digital Labour and Karl Marx* (New York: Routledge, 2014)。
[2] Gaëlle Krikorian and Amy Kapczynski (eds.), *Access to Knowledge in the Age of Intellectual Property* (New York: Zone Press, 2010).

重申理性并不总是转化为自利,人类也经常理性地追求非自利的目标。

数字共域延续了 20 世纪中后期因技术变革而与主体维度相结合的批判传统。将知识和文化生产视为个体的原创性表达,并通过法律上的所有权保障主导着有关知识和文化生产的看法,也在存在论维度主导着有关真实性与原创性的艺术规范[1]。然而,后现代主义理论的批判、去中心化的技术现实,加上大众媒体和新的文化生产、参与方式的兴起,导致对个人作者的批判性反思和实际应用冲击着现代以来有关主体的基本看法:第一,个人的、占有性的和理性的现代主体不断地被文化思潮解构,并因新的技术以及现实的推动而扩散至更为广泛的社会文化层面;第二,暗藏在前述解构中的大规模个体化浪潮又与媒体技术、新的文化方式相结合,构成新的生产、消费与治理秩序。数字共域是与这一现实互动的产物:孤立或独白的主体,在去中心化的批判和技术现实的发展过程中被纳入更大的关系网络,形成了以个体贡献与集体创作之间的协同为主的行动伦理。最终,数字共域的批判指向了西方社会在法律和文化上根深蒂固的个人作者(即现代主体)概念及其社会想象。

不过,数字共域的批判维度也面临着一种来自生产维度的批判性反思,这些反思有助于澄清数字共域自身的批判效力。有批评者认为,数字共域是一种缺乏共同性的共用资源,并非如其宣称的那样具有彻底的变革性。在知识共享中,其批判维度冲击着现代以来基于所有权(占有性)的财产概念和法律规范,但这种冲击有其局限性。贝瑞和莫斯

---

[1] 参阅罗莎琳·克劳斯:《前卫的原创性及其他现代主义神话》,周文姬译,江苏凤凰美术出版社,2015。

在批评知识共享时指出,知识共享的许可释放了对作品的复制、修改或商业使用的某些权利,但作者仍然是产生这些权利,并使之合法化的源头——它们产生了共域,却没有创造出共同体。因为我们在数字共域中实际拥有的是大量私人化的、个人化的物品或资源的集合,不同之处是,它们存在于一个由不同的法律限制、所有权和使用许可组成的技术和法律空间中[1]。允许它们重新使用需要私人和团体的善意,由他们选择何时利用共域,这质疑了数字共域针对所有权(知识产权)的批判效力[2]。由此可见,知识共享可以让占有欲强的团体或个人分享文化产品和资源,但这些资源并非真正的共同分享,也不是共同拥有,更不是对共域本身负责。

博利尔的批评更直接,他指出,知识共享"许可只不过是面对版权的一种法律潜规则,在法庭上是不可能被打败的:它并没有使版权失效,而是规避了它"[3]。照此逻辑,数字共域甚至有可能成为资本生产的潜在的威胁。究其根本,知识共享确实开放了使用权,但并未放弃与作者概念紧密相关的所有权。换言之,知识共享并未完全摆脱现代以来的占有性主体形式和基于其上的作者概念。霍尔同意对知识共享许可的这一看法,他认为知识共享是对知识产权的改革,而不是对其进行反叛,这将使资本主义的封闭和征用战略所依赖的专有架构保

---

1 这种法律框架由代码这一形式构成,参阅劳伦斯·莱斯格:《代码2.0》,李旭、沈伟伟译,清华大学出版社,2018。
2 此处参阅了一个早期的批判:David M. Berry and Giles Moss, "On the Creative Commons: A Critique of the Commons without Commonalty," *Free Software Magazine* 5(2005)。
3 David Bollier, *Viral Spiral: How the Commoners Built a Digital Republic of Their Own* (New York & London: New Press, 2008), pp.91-95.

持原状[1]。而这又跟一个显然的事实相关,即这类许可并不主张存在一个由非私有作品组成的,每个人都能管理、分享并自由存取和使用的公共资源库[2]。相反,"知识共享协议"认为,作者或艺术家创造的一切都归其所有。

这些批评表明,从生产的角度或以政治经济学为视角很容易发现数字共域的双重特性:一方面是其批判潜力,另一方面是潜藏在背后的生产潜力,而后者又限制了前者,因而呈现出有限的批判效力。尽管从生产模式的角度辨析数字共域有其必要性,但这不能解答与数字时代相关的更多问题,进而忽视了数字共域更为重要的意涵,包括为何一种集体合作和参与的行动会在数字时代广泛存在?这些行动者之间又是什么关系?他们是否与由数字技术引发的社会变革存在必然的联系?故而理解数字共域还要求一种批判性的反思方法,即当从生产模式角度澄清数字共域及其批判效力之后,超越这种视角。

4.3.2 数字生态:主体形式、意义共同性与集体行动

数字共域关注现代主体、法律规范以及市场和经济理性的批判潜力,实质上反映了对泰勒所谓的"现代社会想象"的反思。在泰勒的观点中,"社会想象"是一种共识,它使人们的实践和广泛认同的合法性成为可能。泰勒更具体地将之阐释为"人们想象其社会存在的方

---

1 Gary Hall, *Pirate Philosophy: For a Digital Posthumanties* (Cambridge: The MIT Press, 2016), pp.12-13.
2 同上书,第4页。

式，人们如何待人接物，人们通常能被满足的期望，以及支撑这些期望的更深层的规范观念和形象"[1]。诚如上一节所述，数字共域的批判具有一定的潜在效用，然而将数字共域置于现代主体的过程中（即将之视为与技术共生演化的主体形式的具体表现），数字共域代表了开启一种新的社会想象的可能性，包括主体形式所预示的对团结的重申、对共同性和关系性存在的关注。它们开启了数字生态中主体的新形象。

作为主体形式的数字共域表明，一个人的目标和愿望不能与他人相背离，而且是与他人相关，并通过其相关性所实现。这要求现代原子式的个人主体扎根于新的叙事框架，创造并融入到共同行动中。为此，原有的个人主体需要不断地进入不同的群体中。这在现象层面已经表现为每个个体都必须不断地表达自己、与他人交流，这既建构了新的主体形式，也奠定了数字时代的文化模式：不断地更新线上状态、分享生活，否则便有可能不为人知；而要做到这一点，还需要不断地指涉、参与他人的话题和讨论（除了点赞和分享外，还包括使用"混合"和二次更改等参与方式），最终形成一个共同创造的意义域，并由参与者保存。但与此同时，这个共同的意义域会反向影响并调节个人的认识、交流和行动：每个个体都在其中通过协商来追求或实现意义诉求，同时又根据协商来调节自己的意义诉求和定位，乃至形成新的规范。

这种主体形式和意义诉求，推动了数字共域与集体行动伦理的形成。从文化模式的角度看，"共同形态"的主体形式对于数字共域是构成性的，它在冲击现代资产关系的同时，还以集体行动的伦理观开启了新的社会想象：在现代社会想象中，社会与集体因个人的互利而

---

[1] 查尔斯·泰勒：《现代社会想象》，林曼红译，译林出版社，2014，第18页。

存在，而在数字共域中，人们基于合作与共享的相互依赖——把资源提供给他人而不期望立即或直接的回报。因此，就数字共域具有集体行动的伦理内涵而言，其以新的主体形式体现出个人与集体的关系，不仅有助于我们在面对更大尺度的全球性生存议题时采取相关的集体行动，也有助于塑造下一代"数字原住民"的日常生活和行为规范。更重要的是，我们可以通过本章对数字共域历史演变的回顾发现，数字共域所包含的以共同形态为特征的新主体形式，与现代主体和现代社会的一系列变革有关。

后人类进路延续了后数字和后霸权进路的基本思路，认为具有意向性、自主能动性的现代主体是奠定现代文化和现代社会的基础。然而这已经在共同形态的演变过程中，表现为数字生态中需要更新的维度。文化的变迁、意义的扩展以及主体的新形式，正在数字技术的推动下构建新的数字生态，这是一种正在进行之中，充满不确定的、开放性的历史过程。

第五章　现代主体的不满：社会危机中的艺术与技术

前几个章节的讨论描述了一个延续至今的趋势：艺术与技术的环境化——与之相关的是主体的扩展和意义的环境化。本书将该趋势视为走向数字生态的特征。其中，艺术的环境化对应基于现代主体的美学价值及其规定的艺术意义，技术的环境化则对应基于现代主体的社会规范框架。

就艺术领域而言，这种趋势在20世纪早期的雕塑中已经显现，特别是雕塑在现代变迁中突破了其原有的意义结构。从主体的角度看，这意味着，在以前的艺术中，与占主导地位的"艺术家"这一浪漫主义的天才式个人主体形象相关的意义设定，扩展到包括雕塑的表面、周围环境和观众等更多的"外在"要素之中。到20世纪中后期，这种"艺术逻辑"的演变经由作为转折点的"极简主义"而在后来的装置、公共艺术，以及更广泛的艺术中进一步延续乃至极化发展，最终形成了从艺术对于美学的关切到突显社会关切的转变，这其中既包含"形式－方法－媒介"维度，也包含"价值－意义"诉求。在此过程中，以艺术家为核心的主体形象，开始在艺术中扮演不同的角色，而设定意义的主体以及被设定的意义，也加速扩展到更多元的要素乃至环境中。需要强调的是，艺术已经存在的环境化趋势，在20世纪中后期的加速变化乃至激化，形成了今日艺术更为明显的特征。就像导论所言，艺术通过对社会议题的关注和对伦理关切的表达，从主导性的造型和视觉创造、从与美学相关的审美愉悦感和趣味判断力，变成具有道德和政治生产性质的社会实践。它们既是艺术和意义环境化趋势的新近也更直接的表现，也是对现代的阐释学主体的变革，是对其不满的表达。

与此同时，值得注意的是，艺术环境化的加速与技术领域的变化几乎同时发生。技术的审美化变革，以及由此导致的审美的进一步扩展，使得技术出现了价值转变。而技术的价值化使得艺术中的个人叙事扩展为更广泛的自我叙事，并通过社会文化、政治运动和经济发展而形成新的技术形态。此后，艺术领域的文化形态和新的技术形态在不同层面结合，并通过艺术家关注的新议题而表现为新的环境形态：一个由人、"技术－媒介"和自然等构成的生态系统。这个"生态"逐渐突显其存在论和认识论内涵，无论是意义诉求还是有关主体的思考，都被置于其中并因此而具有其他可能性。这一方面以艺术和技术的批判性叙事表现出来；另一方面，特别是在技术环境中，数字共域在意义诉求、主体形态和行动模式等维度体现了与奠定现代文化和现代社会的基础概念所不同的趋势。

不过，在艺术和技术领域，批判性叙事已经远超出其初始范围。特别是20世纪中后期以来，它们因社会的结构性转型而表现出激进化和全面化的趋向，并进一步推动环境化的变迁。我们可以归纳出艺术和技术领域的批判性叙事的两个核心方向：一是针对由技术、资本和权力机构构建而成并治理的社会生活、感性结构和日常经验；二是这些批判源自批判性话语谱系的思想传统，这是一整套的知识话语，也规定着过去多年的智识生活和艺术场景，并通过"主体"这一综合性载体表现出来。可以说，无论是艺术领域的诉求还是技术领域的变更，都将现代主体置于风口浪尖，并蔓延到与之相关的社会框架和规范性意义中。如果我们将这一系列的批判视为对"现代主体"的某种不满，那么这一视角只反映了批判性叙事的一方面。因为这种不满不会也不可能是针对一个抽象的现代主体概念本身，而是源于更深层也更普遍的现实危机，甚至可以被视作为了解决现实危机而提出的方案。要解释这一点，我们需要回到上述激化时期的社会语境，并将之与新近状况——即一步步"走向数字生态"的过程相联系。为此，本章将分三个步骤：首先是陈述艺术与技术在新自由主义语境下的交织演变，这是意义环境化的基本面貌；其次，作为批判性叙事的艺术与技术，在环境化的加速或激化阶段呈现出的主体的变革性表达，可以被视为意义环境化或走向数字生态的主要表现；最后，有关社会危机的论述，为理解意义的环境化、主体的新近表达以及走向数字生态，提供了一个潜在视角。

5.1 意义的环境化：艺术与技术在新自由主义语境下的交织

在艺术领域，雕塑家莫里斯借助物质分析和生物视角，阐释风格演变史之外的诸多要素对艺术个性的影响。汉斯·哈克等从事体制批判的艺术家，在体制批判的场域范式中，将艺术的观看、感知和认定模式，与社会政治经济系统相关联。奠定这些想法的基础，是他们认为艺术家或主体受制于那些被规定的模式，而艺术可以用来揭示这一切，并剖析那些规定甚至是主宰着"艺术"的基本框架；同时展示艺术家和一般性的主体是如何受到约束和治理的。基于这种思考的艺更新，构成了艺术走向环境的基本表现和动力。

在技术领域，信息通信技术（特别是计算机）的发展极大地推动了今日世界的技术环境的造就。然而就像第二章讨论过的，计算机的发明和发展，与军事和其他功用密不可分[1]。当计算机开始变成"个人玩具"并在价值观方面发挥隐喻作用，加之互联网的蓬勃发展，不仅使计算机成为深刻理解社会的知识形式，更塑造了我们对"信息社会"和"网络社会"等概念的认知[2]。这一系列观念和思考方式的引入，深刻地利用了计算机的基本特性，即用个人为代理的理念组织以消解生产者与使用者之间的隔阂，将主体解放。因此，艺术领域的更新与技术领域的变革看似相去甚远，实际上面对着相似的面貌：一种塑造同时也压抑着主体的社会结构。

从基本特征看，走向数字生态过程中的艺术和技术变迁，都强调宏观层面的去中心化、去等级制，同时在微观层面突显合作、参与和集体行动的重要性。前者意味着争取自决的自由，并在不同的层面导向后者，即微观层面的自我负责；后者推动了前者的加速变化，但二者处于相互构成的关系之中。诚如第二章澄清过的，艺术的变迁与技术的变迁存在着交织关系，而自主、本真性和追寻个体自由的基本伦理价值（作为与现代主体相关的基本规定），是奠定这种交织关系的基础逻辑。我们只需再对二者的交织及其在新自由主义语境下的演变稍作回顾，便能厘清其影响当下社会走向数字生态的机制。

---

[1] 关于计算机发展史中的军事功能，如实时系统、"旋风"计算机转向防空和拦截战机等方面的概述，可见托马斯·黑格、保罗·塞鲁奇：《计算机驱动世界：新编现代计算机发展史》，刘淘英译，上海科技教育出版社，2022，第100—115页。
[2] 见托马斯·黑格、保罗·塞鲁奇：《计算机驱动世界：新编现代计算机发展史》，第七章。

如前所述，计算机提供的知识和话语的形式影响了社会和文化的发展，科学家们和专家们惊讶地发现：个体使用计算机并非仅仅是为了连接其他机器或访问硬件，更是为了与人进行互动，从而建构社会网络。换言之，计算机的使用最终催生了一个趋势：个体可以融入到更广泛的网络结构中，这种网状结构打破了自上而下的层级结构。然而到了1990年，ARPANET（阿帕网）几乎在历史舞台上消失，被NSFNET（美国国家科学基金会网络）所取代，这一重大发展标志着互联网在军事层面运作的终结。尽管其前提如第二章追溯的那样，包含源自文化和艺术维度为技术赋予价值的因素。随着互联网在20世纪90年代初迅速实现私有化，其被赋予的打破层级结构的比喻内涵和理想愿景，在实际层面愈发失效，转成为新的治理模式或结构，权力也随之得到进一步的巩固[1]。

总体而言，此后的"互联网（网络）"已不仅是一种技术或符号，更是一种强大的政治模式，被艺术家想象为实现解放的关键，更是变革社会的基础。甚至于要想在"网络化"中取得成功，个人、公司或者展览就必须具备在主流结构之外运作的能力，从而赢取政治权力或"破坏"规范[2]。不过从第四章来看，网络又不只是一种政治模式，还是一种制造"意义域"的强大结构，引导着数字生态中的行为模式和文化模式。

互联网或数字技术所代表的更广泛的内涵，为当代的艺术创作提

---

[1] 对此历史进程的讨论可见丹·席勒：《信息资本主义的兴起与扩张：网络与尼克松时代》，翟秀凤译，北京大学出版社，2018。
[2] 有学者甚至称之为"社会想象"，见托马斯·斯特里特：《网络效应》，王星、裴苒迪等译，华东师范大学出版社，2020，第四章。

供了启示。而这些启示往往不为人知,因为它们同时利用了在完全不同的文化条件下发展起来的既有先锋范式。就像菲利克斯指出的,从19世纪下半叶开始,由于摄影术的出现,艺术也从最后的任务中解放出来,即从再现外部现实的任务中解放。艺术家无须再现外部世界,而是可以专注于自己的主体性,并产生了一种彻底的个人主义。这在马塞尔·杜尚的示例中得到了最清晰的概括:

> 只有艺术家才能决定何为艺术。1917年,他通过解释"为什么工业制成品小便池(以题为《泉》的签名作品展出),可以被视为一件艺术作品"来表达这种看法。随着知识经济的兴起和文化领域的扩展(包括艺术领域和活跃于其中的艺术家),这种个人主义迅速膨胀到无法管理的地步。因此,定义"什么应该被视为是艺术"的任务从艺术家个人转移到策展人身上。如今,策展人要从过剩的竞争环境中选择一些作品,为不断多样化和不断变化的当代艺术界带来暂时的秩序。这种秩序随后以展览的形式表达出来,其目的是要超过部分之和。这种做法的源头可以追溯到1969年的展览"当态度成为形式"(When Attitudes Become Form),它由哈拉尔德·塞曼(Harald Szeemann)为伯尔尼美术馆(Kunsthalle Bern)策划。[1]

这说明艺术中主体的变化,不是在技术专家的思想指导下产生的,而是与之同步进行的。不过,随着互联网在20世纪90年代中期的完

---

1 菲利克斯·斯塔尔德:《数字状况》,第105页。

全私有化，这些新模式的支持者们成功地宣传了这一模式，并将其作为一套文化价值观输出。这套价值观在很大程度上回避了批评，也被证明对任何形式的政府干预或监管都具有很强的抵抗力[1]。换言之，艺术和技术的变迁与社会现实密切相关，它们参与构造了后者并形成新的现实。就社会现实而言，这些文化取向和价值观的输出表现了艺术和技术领域的发展，但也以相似的状况巩固了此时的社会状况，即新自由主义背景下的意识形态以及数字资本主义的合法化进程。它们是导致"走向数字生态"途中的"危机"在过去几十年出现极大化表现的关键，而导致其出现的社会结构变迁及其艺术文化表现，又远早于社会现实的危机。

自 20 世纪 80 年代以来，"新自由主义"被用来描述盛行于全球的政治和经济治理形式的核心特征。尽管它是一个具有争议的术语而且无法涵盖所有的政治经济现象，但仍常被用来命名资本积累的一个阶段。其特点是金融、保险和房地产变得更重要，而社会保护和工会运动则被抨击。这为不受约束的市场创造了理想的条件。但这个阶段并非始于 80 年代，而是与前述艺术的加速环境化趋势处于几乎同时的 60 年代。

社会学家和政治经济学家伊曼努尔·沃勒斯坦（Immanuel Wallerstein）对此的解释是，随着 1968 年世界革命发生了巨大的变化："世界各国的右派同样从对偏中间的自由主义的服从中解放了出来。他们利用全球经济的停滞和旧左派运动（及其政府）的垮台发动了大

---

[1] 这也表现在了关于公共艺术的当代争议中，例如全美媛在《接连不断：特定场域艺术与地方身份》中分析的案例，包括理查德·塞拉和约翰·阿希思等艺术家遭遇的状况。

反攻，也就是我们所说的新自由主义（实际上是相当保守的）的全球化。其主要目标就是逆转中下层人群在'康德拉季耶夫周期'上升阶段中所获得的各种好处。全世界的右派都致力于降低生产过程中的所有主要成本，摧毁各种形式的'福利国家'，并减缓美国实力在世界体系中的衰落。"[1] 最终在后续阶段，通过世界体系的金融化、鼓励借贷消费、大规模的狂热投机，他们改变了世界的政治经济与文化形式。

这种结构性变迁带来长期性影响，成为致使艺术界和技术界中的批判性趋势日益激烈的社会土壤，并演变为某类社会危机的最新表现。就像哲学家南希·弗雷泽将2016年以来的地缘政治右倾描述为"既有政治阶层和政党权威的崩溃"[2] 时指出的，新的治理模式冲击了旧模式并造成普遍的政治危机。例如日益增长的财富不平等，不仅出现在资本主义的中心国家，也体现在全球北方与南方的差距上。弗雷泽将这些现象归纳为是新自由主义总体危机的表现，是过去三十余年积累的结果，甚至导致人们对"治理"本身的不信任。弗雷泽指出造成这种情况的关键原因包括：

> 金融业的转移，不稳定的服务业工作的扩散，为购买在其他地方生产的廉价商品而不断膨胀的消费债务，碳排放、极端天气和气候否认主义的同步加剧，种族化的大规模监禁和系统性的警

---

[1] 伊曼纽尔·沃勒斯坦、兰德尔·柯林斯等：《资本主义还有未来吗？》，徐曦白译，社会科学文献出版社，2014，第29页。克劳奇从更长远的历史角度阐释新自由主义的兴起，见柯林·克劳奇：《新自由主义不死之谜》，蒲艳译，中国人民大学出版社，2013，特别是第一章。

[2] Nancy Fraser, *The Old is Dying and the New cannot be Born* (London and New York: Verso, 2019), p.7.

察暴力，部分由于工作时间延长和社会支持减少而对家庭和社区生活造成的越来越大的压力。这些因素加在一起，已经对我们的社会秩序造成了相当长时间的破坏，但却没有引发政治地震。然而现在，所有的赌注都落空了。[1]

这段分析表明，弗雷泽将今日世界的政治、经济和社会动荡视为过去几十年的历史变迁的结果。但值得我们注意的是，这里的时间节点，与艺术和技术中的批判性叙事的极化趋势几乎同步发展。就像前文指出的，当回溯过去半个世纪的批判性艺术时，不断创新的话语框架开始涉及艺术的形式语言、媒介材料、空间结构、观演关系、政经议题（母题）以及多元的史学脉络等，这使得艺术进一步走向"百花齐放"的状态。然而这些变迁不再仅仅源自艺术史逻辑中的风格、形式与表现方式等的变化，从长历史的角度看，它们受到了前述社会现实的根基，即因工业革命引发的城市化、工业化及其在20世纪早期的历史后果的影响，包括（也是受之影响的）两次世界大战及其战后重建。弗雷泽论及的最近几十年的状况是此历史轨迹之总体结果的一个表现阶段，而其巅峰是2008年的"金融危机"。就像经济学家热拉尔·迪梅尼尔和多米尼克·莱维指出的，这个巅峰阶段的历史已经持续了近30年[2]。

我们甚至可以假设：在本书关注范围内的艺术和技术领域的变迁，与弗雷泽描述的"危机"紧密相关，而"危机"又是走向数字生态的

---

[1] Nancy Fraser, *The Old is Dying and the New cannot be Born* (London and New York: Verso, 2019), p.8-9.
[2] 热拉尔·迪梅尼尔、多米尼克·莱维：《新自由主义的危机》，魏怡译，商务印书馆，2013，第42页。

一个关键表现。因此,这一系列问题似乎均围绕着"主体""危机"和"数字生态"展开。我们可以在此问题的基础上,通过两个步骤来阐释"走向数字生态"的过程与现代主体及社会危机的关系:第一,前文关注的艺术和技术的批判性叙事,表现出意义的环境化趋势,而后者反映了人们对于现代主体及其意义诉求的不满或革新,因此,批判性叙事关乎对主体的新理解,也呈现出新的主体形态;第二,作为批判性叙事的艺术、技术领域还积极地介入主体的建构,是对社会状况的文化表达,但也是对危机的反映,因而社会危机视角可以进一步澄清存在于这两个领域中的对现代主体的不满或革新。

5.1.1 艺术的环境化与意义

在 20 世纪的社会现实中,艺术曾在战后发挥着物理层面的重建作用,也在修复精神的同时,参与了"战后"的意识形态对抗[1],融入了文化工业和文化消费的基本趋势[2];到 20 世纪中期,又加入了技术和媒介更新背景下的文化革新。就像第二章所述,这不仅为 20 世纪末演变至今的网络社会奠定了文化逻辑,还成为资本主义新精神的关键要素。在这一系列的转折变迁中,艺术的面貌变得形态各异,艺术的意义变得更加开放,并突破了原有的关系结构,逐步走向环境。然而也

---

1 另可以参阅弗朗西丝·斯托纳·桑德斯,《文化冷战与中央情报局》,曹大鹏译,国际文化出版公司,2020;Pamela Lee, *Think Tank Aesthetics* (Cambridge: The MIT Press, 2020);安德鲁·鲁宾:《帝国权威的档案:帝国、文化与冷战》,言予馨译,商务印书馆,2014。
2 理查德·佛罗里达:《创意阶层的崛起》,司徒爱勤译,中信出版社,2010。

正是这种开放，使得艺术的定义模糊不清，甚至不受历史的规定，也不被批判所影响[1]。正如本书对20世纪中后期以来的艺术场景的讨论，全球艺术逐步环境化，它们积极也直接地扩展着领域，参与更宽泛的主题、表达更全面的关切。它们的美学诉求（或称之为反美学姿态）在前文论及的跨媒介艺术家那里表现为对现代主义、形式主义以及奠定其基础的现代阐释学主体的"反叛"，最终不仅通过转折性的变迁而成为艺术走向环境的关键，还在技术的环境化过程中发挥着基础的批判作用。

也可以说，艺术的环境化还奠定在一种批判性观念上，这源自现代以来的思想传统，并在近三四十年形成了针对社会变迁、历史现实和技术变革的一种文化主义批判。当艺术实践通过诸如体制批判和话语范式的特定场域艺术等更为直接的形式和方法介入社会时，艺术的意义也将被纳入到宽泛的语境中，成为一个时代的典型面貌，也使得艺术变得更具社会文化特征。就像库奥特莫克·梅蒂娜（Cuauhtémoc Medina）指出的："全球艺术的议程更多是希望跟上时代的狂热，而不是任何对美学的追求或兴趣。"[2] 这个趋势表现在了装置艺术、公共艺术与跨媒介艺术的交织地带，在那里艺术不断地与空间和环境性相关联。尽管几乎所有的艺术作品都会关心空间，包括表现的空间、想象的空间，甚至是否定空间。

然而在这个交织地带，从极简主义、观念艺术、跨媒介艺术到公

1　Hal Foster, "Contemporary Extracts," in *What Is Contemporary Art?*, eds. Julieta Aranda, Brian Kuan Wood and Anton Vidokle (Berlin: Sternberg, 2010), p.142.
2　Cuauhtémoc Medina, "Contemp(t)orary: Eleven Theses," in *What Is Contemporary Art?*, p.15.

共艺术中的场域变迁,对空间的观照出现了从作品空间走向周围空间(展示、体制、认知、社会和自然等)以及更宽泛的环境的变迁。就像前文论述过的,在 20 世纪早期的现代雕塑中,艺术与环境融为一体并拥有意义的表达,这曾"悖论式"地出现在罗丹的雕塑作品中。罗丹推动了雕塑与底座的合为一体,通过让雕塑不再基于底座的自律空间,来指涉外部世界以获取意义;另一方面,雕塑拥有自我指涉的可能性后,出现了与环境进一步相容的可能性,包括通过雕塑的表面而逐步走向纯粹的外部性。因此,现代雕塑的变迁,加之公共艺术的推动,使得艺术直接地进入了更宽泛的环境。

简言之,从突破画框、支架和底座开始[1],艺术家就努力打破与现代主义美学相关的、规定了艺术之意义的自律空间,它被认为是阻碍了艺术作品与"现实世界"之间更直接关系的表象和对自我指涉的限制。这种针对现代美学和现代主义艺术的艺术批判曾经作为先锋派实践的关键而存在,并始终被视为一种艺术和美学更新。但因为社会结构的转型,特别是与社会政治经济状况——就像前文论及的在新自由主义语境下——的交织,推动了艺术意义的进一步环境化。借用晚于罗丹几十年的艺术家丹·格雷厄姆(Dan Graham)的话说,所有的艺术家都"梦想着做一些比艺术更社会性、更具协作性、更真实的事"。为此,后续艺术家不断地介入空间,努力让艺术及艺术的意义成为环境的一部分,乃至改变环境。作品与现实空间和环境持续对抗,而现实空间

---

[1] 立帕德指出,在 20 世纪六七十年代,艺术家们被一种超越"画框与底座综合征"的迫切愿望所驱使,见 Lucy Lippard, *Six Years: The Dematerialization of the Art Object from 1966 to 1972* (Berkeley, Los Angeles and London: University of California Press, 2001), p.viii。

和环境也逐步介入作品，最终反过来形成了一种交织关系：艺术创造了环境空间，环境也创造了艺术。

　　罗丹故去近百年之后的此时，艺术家进行艺术更新的观照点也发生了转变。从一种相对纯然的艺术关切，转变为关注更复杂的问题集合：空间或展示条件、筛选或设定机制、现实或社会愿景或是身处其中的主体构成等。就像全美媛在勾勒场域特性的谱系时指出的，纯真性的空间和随之而来的对于普遍性观看主体的假设，均受到上述艺术实践的挑战。对前者的挑战试图将场域重新视为一种物理和文化框架；对后者的挑战涉及重新定义"观众"，即认为观众是一个被赋予了阶级、种族和性别等属性的社会矩阵。如果说前者是极简主义对艺术对象的阐释主义的挑战——也是对现代的阐释学主体的挑战，是将意义转移到展示空间；那么后者则是对展示空间本身的阐释主义的挑战——展示空间的政治经济学和文化框架，并进一步将意义的转移复杂化，实现了意义的环境化。

　　或者用全美媛的话说，"画廊/美术馆看似良性的建筑特征被认为是一种编码机制，它的作用是将艺术空间与外部世界分离开，这进一步推动了体制的观念式要求，使它自身及其价值变得'客观''中立'和'真实'"[1]。艺术家则反其道行之，突破这种分离的关系、打破构筑意义的关系结构，即"艺术家""创作主体－艺术作品""艺术客体－观众""接受主体"，再打破这种关系与展示空间相结合后形成的意识形态。

　　就此而言，我们甚至可以说对展示空间及其意识形态框架的批判，

---

[1] 全美媛：《接连不断：特定场域艺术与地方身份》，第16页。

是将空间的构造与主体的构造相结合的产物,是在福柯的意义上将治理问题与环境问题结合的逻辑,更是将主体的构成与所谓的文化和政治相结合的基本取向。这造就了文化政治对于后续艺术的影响,导致后者逐渐遍及所谓的公共领域:艺术的政治关切,或者说艺术家的政治关切,是通过一种原本具有普遍可传达性、可沟通性的审美经验而放大了的个体关切。针对这种状况的批评者们的努力显然是无力的——例如哲学家理查德·罗蒂(Richard Rorty)。在论及影响这类艺术或文化诉求的哲学家的思想时,罗蒂提出:"只要这些反形而上学、反笛卡儿的哲学家倡导的是一种伪宗教形式的悲怆精神,我们就应该把他们放逐到私人生活的领域而不能把他们当作思考政治问题的向导。"[1] 罗蒂认为,这些带有个体政治关切的审美经验可以被视为私人领域的想象,而非直接遍及公共领域。但艺术的实际状况与此相反。

在此后的一系列艺术实践中,美学诉求变得微乎其微,艺术的更新却不仅没有停止,甚至还加快了步伐。对此,艺术批评家约尔格·海泽(Jörg Heiser)指出,带来这种狂热的艺术作品构成了"后运动、新运动或杂交运动"的一部分,这些运动缺乏批判性的定义,而20世纪60年代的波普艺术、极简主义和观念艺术等具有时代特征的"主义"却获得了批判性的定义[2]。这里的关键并不能简单地归结为艺术家完全

---

[1] 理查德·罗蒂:《筑就我们的国家》,黄宗英译,生活·读书·新知三联书店,2006,第71页。包华石也就文化政治对艺术的影响作了历史角度的简要分析,可参阅他的《西中有东:前工业化时代的中英政治与视觉》,清华大学国学院主编,上海人民出版社,2020,第一讲。

[2] Jörg Heiser, "Torture and Remedy: The End of -isms and the Beginning of the Hegemony of the Impure," in *What is Contemporary Art?*, p.83.

主动地致力于此，而是艺术似乎卷入了无意识的历史洪流当中。或者说，就本书将考察的艺术的变革与主体的关系而言，艺术领域中（暗含了主体变迁）的批判性叙事和实践，既是历史性结构转型的结果，也推动其更进一步的转型，并通过艺术中的空间变迁反映到主体的变迁上。

在过去多年，艺术的批判性叙事进一步扩大范围，推动了以合作、关怀、参与式、社会介入、对话美学、关系美学和新型公共艺术等表述为主的艺术实践的蓬勃发展。尽管它们在不同层面介入社会、经济和政治议题的趋势早已表现在了全美媛以"场域"之变来概述的艺术变迁中[1]，但近年来却愈发激进和彻底，新近论调更直言它们与社会（危机）的关系。就像克莱尔·毕肖普在 2022 年回溯近 20 年的社会实践艺术时指出的，"参与式艺术成了一种间接的政治替代品"[2]。毕肖普曾回溯过参与式艺术的历史变迁，但她在 2022 年指出，2008 年的"金融危机"和随之而来的"占领华尔街"运动（2011 年）成了一个分水岭——艺术中的关键时刻再度与哲学家和经济学家的论调重合。因为"占领运动"标志着此后 10 年跟此前的 20 年相比有了截然不同的政治动力，它预示着一个明显的转变：向异议和动员的方向迈进——从对抗的艺术表现迈向实际的行动。艺术史学家兼活动家耶茨·麦基（Yates McKee）的论调则拉得更高，他认为"占领运动"标志着"社会参与式艺术"的终结，因为这种艺术形式已经成熟，变成了真正的

---

[1] 例如全美媛通过梳理从 20 世纪 60 年代到 20 世纪 90 年代的艺术变迁指出，场域逐步被观众、特定的社会议题，以及最常见的"社群"等概念所取代。可见全美媛：《接连不断：特定场域艺术与地方身份》，此处见第 89 页。
[2] Claire Bishop, "Preface to the Tenth Anniversary Re-edition," in *Artificial Hells: Participatory Art and the Politics of Spectatorship* (London and New York: Verso, 2022), p.vi.

建设运动[1]。

如果我们将目光拉回本书讨论的范围，那么艺术中的这类泛政治和社会学趋势，包括艺术与种种社会运动相结合的历史演变，也可以被视为表达了对现代主体以及基于其上的诸种艺术结构和社会规范的不满。特别是，艺术加速介入日常生活环境、政治环境、社会环境和经济环境，可以视为是艺术家将解放、改变或批判社会置于至高地位，最终也使得艺术的意义成为环境中的构成性要素。但不可忽视的是，围绕现代主体展开的批判趋势又在技术环境中催生了新的主体形式。就像第四章所述，以数字共域为代表的共同形态，将更宽泛也更具有环境特征的关系纳入其中，呈现了意义的共同性和行动的集体性特征，所以在以数字共域为代表的数字生态中，个体必须通过与其他个体的联系、交往并构造共同的意义域，才能进一步地获得资源和意义，这同样表现了意义结构的转变。

数字共域强调意义的共同性和相互关联性，使意义处于一种关系结构之中，并经由"公地悲剧"的历史变迁表现出来，形成了数字生态中的文化模式和行动模式。它们表达了对与现代社会的基本框架相关的现代阐释学主体及其意义结构的不满——包括传统的经济人假设、市场交换价值、基于公私划分的社会规范等，也就是在技术领域已经表现出来的现代主体受到了数字共域以及更广泛的数字生态中的文化与行动模式的冲击。

---

1 Yates McKee, *Strike Art: Contemporary Art and the Post-Occupy Condition* (London and New York: Verso, 2016); Yates McKee, "Occupy and the End of Socially Engaged Art," in *e-flux journal* 73 (April 2016).

概言之，通过装置与公共艺术的变迁历程，我们可以看到它们打破规定艺术之意义的原有关系结构，这进而引发了艺术意义的环境化趋势。如果说这暗含了突破现代以来的阐释学主体对意义的占有性阐释，那么经由"公地悲剧"演变而来的数字共域，则象征着在技术的环境化（即走向数字生态）的过程中，打破更宽泛的占有性个人主义。它们分别从艺术与技术角度表现了对现代主体的不满。也可以说，艺术走向环境与环境的技术化是一体两面的关系，它们均源自内含于现代艺术的价值诉求——尤其是现代以来的个人主义伦理价值，它们将技术价值化和审美化——赋予技术价值[1]，并为之注入解放社会的诉求，使得环境的技术化融入了解放特质。

由此可见，艺术的环境化和技术的环境化，改变了现代阐释学主体及其意义结构。但一如前述，艺术中的主体的变迁，还与更大的历史现实的转变息息相关，包含由技术更新导致的技术现实，艺术本身参与其中，因而它们之间的交织关系同样面临着前述危机。或者说，艺术与技术中的双重变迁，本身就可能关乎新自由主义语境下的现实变迁和社会危机。对此，我们可以通过技术领域与新自由主义，以及与主体相关的批判性考察的关系来进一步阐明。

---

[1] 社会学家对此提出了类似的论点，认为这种赋值意味着广义的文化化，可见安德雷亚斯·莱克维茨：《独异性社会：现代的结构转型》，巩婕译，社会科学文献出版社，2019，第9页。

5.1.2 技术的环境化与意义

当主体问题成为暗含在艺术变迁中的一个核心关切时，批判性技术研究同样关注现代主体概念。例如，对于在技术环境中生活的人来说，社会性、连接性和互动性等概念跳出了技术领域，变得愈发日常化和普遍化。但这里最关键的不是这些概念暗含的机器维度，而是它们作为一种思维模式，甚至作为存在方式的隐喻被广泛运用：将它们视为一种认识和感知世界的方式，一种重组社会的手段。例如在涉及政治的边缘性和身份认同问题时，这显得特别重要，因为许多族群、性别和种族歧视的"印记"都隐藏在计算结构和技术系统的阴影中，也隐藏在它们假定的中立性中。而这些隐藏的"要素"与普遍性现代主体的逻辑几乎一致。就像技术思想家指出的，通过将信息，进而将人从等级结构中解放出来，通信网络侵蚀了基于种族、阶级和性别的差异，这表明互联网（空间）与上述普遍性的观看主体有类似之处。所以这些"技术"具有无限且普遍的政治潜力，人人都可以使用：

> 获取其他形式的信息，最重要的是，将自己对事件的不同于官方观点的看法传达给他人的权力，就其本质而言，是一种政治现象……获取信息的形式和程度的变化是不同群体之间权力形式和程度变化的指标。网络的覆盖范围，就像电视的覆盖范围一样，延伸到全世界的城市化地区（而且越来越多地延伸到遥远但与电信设施相连的农村前哨）。每个节点不仅可以向网络的其他部分转播或发送内容，而且即使是最弱小的计算机也可以在内容从网络进入家庭节点后，在内容再次发出之前，以各种方式对其进行

第五章 现代主体的不满：社会危机中的艺术与技术 | 211

处理。价格低廉的计算机可以复制、处理和进行信息交流，而当你把个人电脑变成现有电信网络中的独立处理节点时，一种新的系统就出现了。[1]

与此相关的信念，包括个人、网络自由、反管制、平等主义、虚拟共同体，却是所谓的"新自由主义事业"，或者说一种被称为"加利福尼亚意识形态"的核心，即强调这些情感对信息化资本主义的矛盾依附以及差异的程度，更普遍地说，是政治被遮蔽的程度[2]。这表明前书提出的低层的价值诉求不仅推动着艺术的变迁，也融入技术更新中。到今天，低层的价值诉求仍旧影响着数字生态的核心要素，包括参与、互联、二次创作、共享、开放获取、协作以及算法无意识等，甚至构成了新自由主义时代社会危机中的行为规则。或者说，如今的行为规则变成了由新自由主义精神所支配的"规范"，包括"竞争性的自我完善、无止境的人力资本的投资、热情工作勇于奉献的心态，以及心情欢畅地接受一个政府过于庞大的世界所固有的风险的超级乐观精神"[3]。

对于数字生态中相关现象的批判性研究，包括大数据、数字资本主义和数字技术在性别、殖民、种族、黑箱等维度，一方面突显了上述低层的价值诉求，另一方面也是对本书所谓的社会危机的应急反应。

---

1 Howard Rheingold, *The Virtual Community* (Cambridge: MIT Press, 2000).
2 Richard Barbrook and Andy Cameron, "The Californian Ideology," in *Science as Culture* 6, no.1 (1996): 44-72.
3 沃尔夫冈·施特雷克：《资本主义将如何终结》，贾拥民译，中国人民大学出版社，2021，第40页。

正是在应对这场社会危机时,有关技术的批判性话语表达了对新的主体形式的期望,以表达对启蒙时代以来的现代主体概念的不满。或者说,这是后人类主义意义上的现实状况:"由于人类与动物、技术和环境之间的'自然'界限受到侵蚀,统一的、自省的和理性的人本主义主体在其世界中的中心位置被取代了。"[1]

这种看法在一定程度上总结了围绕批判性叙事展开的主体表达。批判性的艺术实践和批判性技术研究,也通过主体或者对现代主体的不满这一视角而彰显了隐藏在背后的社会危机。就像在第四章中,后人类主义、后霸权和后数字于技术领域引入了关于主体的新论述,尽管它们之间存在着差异,但也有共同点。每一种进路都试图取代自由人本主义的主体形象,即现代的阐释学主体,将主体视为一个统一的、主权的和特殊的实体。在这种普遍主义的图式中,人类主体对技术进行理性的控制,同时与之保持分离,并主宰自然。

可以说,与这种普遍主义理论相反,从后人类主义到后数字理论都倾向于提出自己的主体性理论。相应的,在艺术领域由阐释学主体确立的艺术意义,也通过艺术的诸多形式变迁和表达而突破了既有的边界。在技术领域,尽管存在着种种分歧,但新的论述都提出了主体的联合构成的视角,包括人类主体与技术非人(包括技术对象、界面、代码、算法等)作为递归构成的概念论证,或者借由这些技术而在共同的意义域实现的主体形态。除了强调人类主体与技术或机器设备之间的深层物质联系,新的主体理论在两个层面强调它们之间不可分割

---

[1] Gary Hall, *Pirate Philosophy: For a Digital Posthumanties* (Cambridge: MIT Press, 2016), p.93.

第五章 现代主体的不满：社会危机中的艺术与技术

的共生关系[1]。

在第一个层面，主体的这种共同构成具有原初性，即原初意义上的共生关系。就像德里达所言："自然的、本源的身体并不存在：技术并不是简单地从外部或事后作为一个外来的'身体'添加进来的。当然，这种外来的或危险的补充在'身体与灵魂'的所谓理想的内在性中'原初地'起作用并就位。"[2] 第四章已对此有所论述。

在第二个层面，这种构成本身不是天然的，它具有历史性，即受到历史、政治、经济和文化变迁的影响，并表现在针对数字技术生态的批判性话语中。这些论述都显示了对于技术环境中的主体和意义构成的新近思考，特别是以环境化特征来反思和推断发端自现代主体的基本问题，所以可以被视为以一种貌似新颖的话语模式来反思、批判社会，并表达不满的表现，是艺术和技术研究中的批判所蕴含的对现代主体的不满的主要表现。接下来我们可以进一步通过技术与艺术领域的表述，来说明其作为走向数字生态的过程，也考察其作为社会危机的主要表现。

---

[1] 一些更极端的理论甚至从共生演化的角度阐释这一结合，例如爱德华·阿什福德·李的《协同进化：人类与机器融合的未来》，李杨译，中信出版集团，2022。
[2] 转引自 Adrian MacKenzie Adrian, *Transductions: Bodies and Machines at Speed* (New York: Continuum, 2002), p.6; 亦见贝尔纳·斯蒂格勒：《技术与时间：爱比米修斯的过失》，裴程译，译林出版社，2012。

5.2 危机中的主体表达：
作为批判性叙事的技术研究与艺术实践

在作为批判性叙事的技术研究与艺术表达中，主体是一个关键要素。一方面"主体"是反思和批判性研究的话语（观念或概念载体）；另一方面，重新阐释乃至构建"主体"是这些批判性立场的基本诉求，尤其是针对由现代主体所确立的规范性框架。这一点在新世纪以来的批判性研究中已表露无遗，其历史先声已经出现在本书导论部分的相关讨论中。一如前述，其极化发展与艺术领域的变迁几乎都可以被视为与社会的结构性变迁相关。不过，我们可以先简要厘清批判性技术研究中有关主体的论述。

首先，在技术环境中，人与非人系统的结合使得认知非意识和算法决策在人类的行动和思考中发挥着关键作用。这对以能动性、意向性和自由意志等为基准的现代主体构成了冲击，加之基于数字技术的文化生产将合作和共享视为新的行为方式和文化要素，进而冲击了基于个体性或隐私性和私人所有权之上的个人概念，导致自由的人本主义现代主体受到重击。这一系列现象不仅出现在第四章论及的数字文化中，而且反映在后人类等新近思潮中。

其次，更宽泛的批判性视角被引入到对于数字社会的研究中。包括批判性种族研究、性别研究和去殖民研究等持续批判数字技术中的现代主体的规范性框架，例如数字技术涉及的性别二元论、性取向，以及与性别有关的文化表征等。相关论述认为，传统的二元性别和性取向范畴并非自然而公正的，而是受到强势的权力关系建构而成[1]。权力关系涉及资本主义、父权制和霸权国家的共谋，从现实世界延伸到了大数据和数字基础设施中，并渗透今天的日常生活。批判性研究甚至提出了以数据（数字）自我作为主体的流动性表达，冲击了具有稳定的同一性的现代主体。由此可见，在基于价值诉求和社会现实变迁的状况下，有关主体的概念发生了激烈的变化，并反映在批判性话语以及数字社会中的文化和行动形式上。

与此相关的是对有色人种的弱势地位和结构性压迫的关注——最典型如非洲裔和拉美裔，并进一步延伸到第三世界，即批判殖民主义在数字技术中的延续和扩张。这些批判性研究的关注建立在一个重要的前提上，即现代的科学和技术是在殖民主义和帝国主义的背景下出现的。如今，这些科技与大型的互联网公司和权力机构相结合，在全球范围内形成了新的治理技术。然而如果不只在历史层面，而是从当代和演变的角度来解释数字技术的生态，那么我们更能厘清在数字生态中以资本主义与去殖民的批判相结合来反思主体的必要性。因为自历史上的殖民主义以来，与所谓的"人本主义"和"现代性"话语框架紧密相关的是巨大的全球不平等，以及由认知经济产生的不对称性。

这些批判性话语认为，历史上的殖民主义通过"文明"世界的意识形态、殖民者对被殖民者的"优越性"，以及利用对"自然"资源的需要来使其暴力合理化，并具体地体现在殖民主义的技术扩散上：当殖民主义把技术带到非洲和美洲与原住民接触时，后者遇到了优越

---

[1] 相关研究包括但不限于哈拉维：《类人猿、赛博格和女人》；芮塔·菲尔斯基：《现代性的性别》，陈琳译、但汉松校译，南京大学出版社，2020。

的科学技术，会迅速地采用它们，并抛弃自己过去使用过的"科学"，走向更加"文明"的未来[1]。在对殖民主义的批判传统中，殖民地人民的知识和规范性框架还被认为是异化的结果，用著名的反殖民主义思想家法农（Frantz Fanon）的说法，是"知识异化"，是中产阶级社会的产物。法农所谓的中产阶级社会："是任何一个在预先决定的形式中变得僵化的社会，这些社会形式禁止一切前进、一切发展、一切进步、一切发现。"[2]

同样，数据殖民主义被认为是通过量化和数字化侵占人类的生命，通过将其称为"连接""个人化"和"民主化"来使自己不断积累的数据合理化。尼克·库尔德里（Nick Couldry）和乌利塞斯·梅希亚斯（Ulises A. Mejias）告诫我们，大数据状况下的资本主义不过是资本主义的一种延伸形式，跟过去两个多世纪发生的事情别无二致：组织生活来获取最大价值，但由此产生的权力和财富却集中在少数人的手中[3]。这一系列指控引发了对技术领域更彻底的批判：甚至在"西方"殖民者背后的出自欧洲的"理性"，也被认为是一个有限的概念，其目的是推进欧洲和欧洲－北美实施的殖民化征服[4]。所以这些问题都与社会有关——以及现代主体的基础话语有关，就像黑人思想家吉尔罗伊（Paul Gilroy）从黑人和本体论角度指控整个现代性的话语框架："从

---

1 Ehrhardt Kathleen, *European Metals in Native Hands: Rethinking Technological Change 1640-1683* (Tuscaloosa: University of Alabama Press, 2005).
2 弗朗兹·法农：《黑皮肤，白面具》，胡燕、姚峰译，东方出版中心，2022，第240页。
3 Nick Couldry and Ulises A. Mejias, *The Costs of Connection: How Data is Colonizing Human Life and Appropriating It for Capitalism* (Redwood: Stanford University Press, 2019).
4 Emmanuel Chukwudi Eze (ed.), *Postcolonial African Philosophy: A Critical Reader* (Cambridge: Blackwell, 1997).

我们称为高峰现代的时代倒退一步，有关现代性的哲学、意识形态、文化内涵和后果的讨论一般不包括黑人和其他非欧洲人受到的社会和政治压迫。相反，一种天真的现代性概念产生于后启蒙运动时期的巴黎、柏林和伦敦生活的显然愉悦的社会关系中。"[1]

可以看出，批判性技术研究从不同角度出发指出了笼罩着数字社会、技术环境和数字生态的诸多隐藏问题。除了"理性"之外，"人格"等概念也为征服欧洲以外的人提供了"合法性"[2]。也可以说，这些表述反映了奠定现代社会的基础概念和框架的合法性危机，就像萨贝洛·姆兰比（Sabelo Mhlambi）指出的，奠定它们的"人格"观念"并未被平等地应用到欧洲以外的人身上。欧洲人的人格观，为征服欧洲以外的人提供了合乎伦理的法律和道德许可"[3]，批判性研究甚至试图重新思考有关"人或主体"的概念。

可以说，在批判性技术研究中的主体的变化，反映了低层的价值诉求和高层的社会现实变迁之间的交织。现代主体概念在技术领域遭到批判性话语和新的文化模式的反抗，在艺术中的角色也变得不同于以往。当批判性技术研究提出对于大数据和数字技术的批判要从开放存取的自由主义思想，转为以尊重、承认和纠正记录主体和后代社群为中心的关

---

[1] 保罗·吉尔罗伊：《黑色大西洋：现代性与双重意识》，沈若然译，上海书店出版社，2022，第 64 页。

[2] Mogobe B. Ramose, Mogobe, "The struggle for reason in Africa," in *Philosophy from Africa: A text with readings*, eds. P. H. Coetzee and A. P. J. Roux (London: Oxford University Press, 2003).

[3] Sabelo Mhlambi, "From Rationality to Relationality: Ubuntu as an Ethical and Human Rights Framework for Artificial Intelligence Governance," (paper presented of Carr Center Discussion Paper Series, 2020-009, p.5). （中译本见《艺术、人工智能与创造力：基础与批判文献》，张钟萄编，中国美术学院出版社，2024。）

怀实践时，在艺术领域出现了相似的状况，毕肖普对此总结道：

> 参与作为一种话语分化成了一些相互竞争的术语，如集会、介入和关怀。其中，"关怀"似乎是最普遍的。它暗示了一种与缓慢且持续的时间和人本主义相关的美学：花时间去培养、照料、注意、陪伴（而非仅仅是盯着）、关注和重新获得，关怀反对伤害，也反对对抗……正如参与和社会介入这两个词成为应对20世纪90年代的新自由主义、个人主义和私有化的方式一样，关怀在20世纪最初十年成为对民族主义、白人至上主义的主要回应。[1]

例如，2019年出现了历史上首次以集体名义获得"特纳奖"的情况。4名获奖艺术家在给评审团的声明中写道："今年，你们选出了一批艺术家，他们或许比奖项史上的任何时候都更多地参与到社会或参与性实践中。更具体地说，我们每个人的艺术创作都与我们认为非常重要和紧迫的社会和政治问题及背景有关。"其中一名艺术家海伦·卡莫克（Helen Cammock）在颁奖典礼上发言时说："在英国和世界许多地方出现政治危机的时候，已经有如此之多的事使人们和共同体产生分歧和隔阂，我们非常希望利用本奖项，以共同性、多元性和团结的名义发表集体声明——在艺术中如此，在社会中亦复如此。"另一名艺术家阿布·哈姆丹（Abu Hamdan）则说："这一次，政治方法似

---

[1] Claire Bishop, *Artificial Hells: Participatory Art and the Politics of Spectatorship* (London and New York: Verso, 2022), p.XVI.（中译本见克莱尔·毕肖普：《人造地狱：参与式艺术与观看者政治学》，林宏涛译，中国美术学院出版社，2024。）

乎比美学实践更具有凝聚力。"[1] 艺术中的新状况因社会政治经济条件的变迁而进一步复杂化,并直接面对这类状况,就像当代一名略显激进的艺术家描述的:

> 垃圾邮件经历了工业生产的绞肉机。正因如此,它的制造与全世界同样经历过工业(或后工业)时代的人们产生了共鸣,他们经受了反复原始积累的碾磨。几轮债务奴役、随后的逃亡、被征召从事工业劳动,以及一再被拒之门外,迫使人们回到自给自足的农耕生活,而后又从田间地头走出来,成为后福特主义时代的服务人员。就像他们的电子垃圾邮件一样,这些人群构成了同类中的绝大多数,却被认为是多余的、惹人厌的。[2]

不过,艺术中的主要趋势也出现与新自由主义完全吻合,乃至与其最新形式(网络、流动性、项目制工作、情感劳动等)完美地契合的情况。这表现为在艺术中赋权个体,但也让个体承载更多的自我责任——哪怕是以自发组织的形式,然而这一最新状况的早期趋势,却与艺术中的主体表达及意义的扩展有关。最终,涉及主体和意义要素的变迁在技术领域,与发生在艺术领域的批判性的、激进的行动紧密

---

1 Mark Brown, "Turner Prize Awarded Four Ways after Artists' Plea to Judges," *The Guardian*, December 3, 2019, https://www.theguardian.com/artanddesign/2019/dec/03/turner-prize-2019-lawrence-abu-hamdan-helen-cammock-oscar-murillo-and-tai-shani-shared.
2 Hito Steyerl, *Duty Free Art* (London and New York: Verso, 2017), p.106.

相连，形成了一种文化主义批判的浪潮[1]。由此可见，毕肖普有关艺术领域的论断不仅是一个阶段性的总结，也是艺术中的"社会转向"的新近表现，更是现代主体在 20 世纪的演变过程中要求有更多的个人自由的诉求及其使得个人要承担更多责任的必然表现。

这意味着艺术的意义因与政治的关系的改变而出现了基础性变化。换言之，这种立场主张艺术策略在政治抗议、非正式自我治理和社群建设项目中占据中心位置，被认为"摆脱了几个世纪以来决定对艺术的期望和评价的美学传统"[2]，是艺术环境化的内在诉求和自然结果，也是走向数字生态中的艺术形态。

同样，批判性技术研究中的新趋势涉及对技术、算法和大数据的问责、公正和数据提取，以及它们与殖民主义、现代资本主义的关系，包括霸权在全球范围内进行的治理和造成的分裂、剥削和数字圈地等具有历史延续性。也可以说，在这些批判中，数据化和数字化进程延续了历史上的不平等形式，延续了历史上有关何为"人"的基本见解。

---

[1] 就其形式的多样性而言，除了本书提出的走向环境，已有批评者以更尖锐的口吻指出其中的症候："当代艺术的胃口似乎是不加区分的；它就像一张永远张开的大嘴，在不间断地消费着大桶的化学品、被屠宰的动物、肮脏的床垫、批量生产的商品、一次性包装袋、被丢弃的纸板，甚至是性交行为，它们通过纽约、洛杉矶、伦敦、柏林、巴黎（除去性、还有北京、上海、迪拜和阿布扎比）的专门展厅进入了艺术界。动物的、植物的、矿物的；就像一群稳定的粗俗忏悔者，外表越是庸俗，艺术产量就越大。因为在这个全球文化矩阵中，似乎有一种不变的东西在平整着一切：相信体制内的艺术界有能力像忏悔一样，从任何物品、人物或情境中拖出一些美学意义。"可见 Gregory Sholette, *Dark Matter: Art and Politics in the Age of Enterprise Culture* (London: Pluto Press, 2011), p.121-122。

[2] Karen van den Berg, Cara M. Jordan and Phillipp Kleinmichel, "Introduction: From an Expanded Notion of Art to an Expanded Notion of Society," in *Art of Direct Action: Social Sculpture and Beyond*, eds. Karen van den Berg, Cara M. Jordan and Phillipp Kleinmichel, (Berlin: Sternberg Press, 2019), p.vii.

同样，围绕种族、殖民、性别和技术等展开的对"人"的旧有规范性框架和知识的重构。

无论是技术还是艺术领域，它们带有的批判性反叛和拒绝性质是激烈也普遍的。导致其激烈的原因除了基本的思想和批判谱系外，还与近年来在资本主义社会愈演愈烈的种族对抗有关。批判传统与社会现实的结合，使得数字生态中的批判性立场表现出"激进"的核心关切：我们今天的认知和实践，是被数字技术和大数据及其背后的社会结构和机制所异化的产物。在这样一个社会中，"我们"被数字生态造成的新的社会形式治理——社交关系、信息的获取渠道和能动性等，并受制于大型数据库、算法、界面设计和互联网公司等。

资本主义的数字形态与历史殖民主义、种族主义，以及建基于其上的霸权始终存在共生的关系，它们不断地加强对数字资源的提取，通过算法让知性失效，在更大的规模层面强化生产数据资料的生命政治（福柯），形成认知上的暴力。最终继19世纪工人状况的无产阶级化，20世纪感知和情感的无产阶级化后，造成当前的心灵的无产阶级化（斯蒂格勒）。

如果我们将批判性叙事的技术和艺术视为走向数字生态过程中的技术形态和艺术形态的最新表达，那么可以发现，在此过程中的知识、意识、伦理和行为模式等都在发生改变。就像后人类主义者指出的，人与非人的共生和协作关系突破了由欧洲人在前述殖民框架下确定的有关"人"和"主体"的概念、认知和"常识"。相应的，艺术和技术中的批判性话语和方法则提倡个体之间的相互合作，并导向与之相关的道德、社会和政治责任，它们试图在微观层面发挥整合社会的作用——整合由现代主体概念所引发的对立、矛盾和不满。

5.3 社会危机视角下的批判或不满

前文概述了遍布三四十余年来在艺术领域中的某种新趋势，认为奠定其基础的价值诉求和文化表达在批判性的技术研究中均有所体现。许多批判性技术研究都以多元的视角来批判由大数据、信息环境和数字生态所承诺的确定性。我们可以借助结构视角和社会学中的区分[1]，将这些批判及其在主体变迁上的表现视为一种微观层面的社会整合。在过去半个多世纪，塑造着文化形态的低层逻辑作为这种社会整合的内驱力，就其不断延伸和扩展而言，既是一种积极的诉求也是一种无奈之举——突显其消极一面。这种带有矛盾特征的张力关系，使得过去多年的"批判"事业愈发无力、易于失效或沦为"再生产"的关键手段[2]。

不过，这种消极面貌源自在宏观层面无法实现的系统整合，因为它是系统整合失效后的无奈之举：微观整合作为应对危机的解决方案，源自由资本主义的矛盾引发的蔓延了多年的危机。简而言之，过去半个多世纪的许多艺术创作与近十余年逐渐成形的数字社会具有同构性，它们是同一场危机背景下的"参与者"，并与之形成一种"回应"关系。我们可以将"社会危机"视为一个视角，在意义的环境化这一基本面貌的前提下，对作为批判性叙事的技术与艺术领域做某种解释。

---

[1] 典型如 Hans Gerth and Wright Mills, *Character and Social Structure: The Psychology of Social Institutions* (New York: Harcourt, Brace & Co, 1953)。
[2] 哈尔·福斯特在20世纪80年代的观察中有提出过关于此的一个早期论断，即所谓的"批评的危机"，可见 Hal Foster, *Recodings: Art, Spectacle, Cultural Politics* (Seattle: Bay Press, 1985), pp.13-32。

5.3.1 主体的不满

如前所述，原本就存在的艺术及其意义的环境化趋势，在社会危机的背景下加速演变，因而也可以说在回应这种危机的过程中，艺术和技术领域的变迁表现为数字生态的兴起。而主体则是其中的核心概念载体——前文已通过主体在艺术和数字生态中各有不同的形态、特征和介入方式来回溯此"危机－回应"关系。

在这个意义上，以主体为关键的批判性话语，可以回顾当前社会走向数字生态的基本线索：这是对于现代主体及其不满的表达。无论我们将这些不满或批判之源归因于大数据档案、数字化进程，还是哲学意义上的计算逻辑，前述文化主义批判都不仅仅源自技术和数字基础设施在本体论、伦理道德或政治现实上的错误或不正当性（及其后果）在今日世界的延伸。尽管由欧美核心国家发起的"现代化的第一桶金"是由殖民和战争带来的——这一历史事实毋庸置疑，也确实激发着前述批判谱系不断地以文化批判的方式重提种族主义、殖民主义和传统规范性框架等对今日世界造成的伤害。但更重要的似乎在于：在走向数字生态的过程中，技术环境、大数据、数字化或计算逻辑"具身化地"介入了一场危机——一场因资本主义矛盾而引发的危机。它的形成和愈演愈烈之势有其历史和结构性根源，但数字化进程是其现阶段的一个具体表现，数字批判是与之相关的技术文化表达。从这个角度看，我们更能理解这些看似"激进"的批判绝非空穴来风。当然，它们也不可能普遍有效。

这些批判和方法并非建基于"空中楼阁"之上，而是源自切身的现实危机。或者说，这些学术方法和批判框架，是资本主义当代特征的累积弱点总爆发在思想和学术话语上的表现。根据德国当代社会学家施特雷克（Wolfgang Streeck）的分析，过去半个多世纪以来，资本主义发生了合计三次长期危机，包括20世纪70年代的全球通货膨胀，20世纪80年代的公共债务的急剧增长，以及20世纪90年代的私人债务的增长最终导致2008年的全球金融危机。此后，危机进入第四个阶段，即我们当下正身处其中的状况，就像前文引用的毕肖普等学者指出的——艺术在近些年出现的不同于以往的实践面貌，正是与此状况紧密相关。

资本主义出现的这几场危机是由经济增长停滞不前、债务上升和不平等的加剧等矛盾所致，而且这些矛盾还在继续破坏经济和政治秩序。因而不仅大衰退是不可避免的，甚至还预示着资本主义的终结之势。这在当前更具体地表现在三个方面：社会经济、社会文化，以及民主功能的失效。三者交织影响，相互改变。总的来说，结合经济学家的分析，自20世纪70年代以来，与新自由主义相关的"长期衰退"的经济形势形成了越来越多，也越来越大的压力[1]。利润率的下降证明，笼统而言的"新自由主义"的"下重药"方案是合理的，但从长远来看，它只是加剧了无序状态：例如长期高失业率、明显的社会不平等、政府债务高或创新水平低下等；在社会文化层面，包括社会异化的体验、文化解体以及合法性和动力危机等；以及近些年来民主制度在欧美社

---

[1] 罗伯特·布伦纳：《全球动荡的经济学》，郑吉伟译，中国人民大学出版社，2012，第151页。

会的失效，乃至进入"后民主"的状况[1]。如今，这种无序状态已遍布全球并深入到国家机构之中，弗雷泽的表述无非是这种状态的最新表现，所以是历史性的政治和经济因素导致了当前的不稳定状况。而同样的因素与技术相结合，又导致对稳定和确定性的虚假承诺。就此而言，数字生态中的技术批判所指向的确定性，以及艺术的批判指向的社会行动主义，实则可能暗含着个人以及以"个人"为联合体的集体行动，必须预测和适应来自"市场"的自上而下的压力。

这既表现为个人必须对自己负责，甚至以自发组织的方式展开联合行动；也意味着艺术必须与围绕文化多元主义的表达方式一起，成为社会变革的中坚力量；在更一般化的层面则意味着社会生活变成了一种需要个人借助技术和主体权利[2]，来围绕自己建立私人的连接网络——每个人都要尽可能地利用好自己手头的资源。与之相伴而生的是永无止境的商品化、政治经济层面的寡头制和腐败，最终导致进入到一个社会失序的空位期：一个熵的时代。就像施特雷克所言："在社会的微观层面，系统的解体及其导致的结构性不确定性（非决定性），

---

1 关于这一点可以参阅雅克·朗西埃：《歧义：政治与哲学》，刘纪蕙、林淑芬等译，西北大学出版社，2015；Colin Crouch, *Post-Democracy* (Cambridge: Polity, 2004)，以及菲利克斯·斯塔尔德：《数字状况》。安德雷亚斯·莱克维茨指出，民主功能问题是指"那些影响政治制度本身合法性和功能的问题，并引发了对参与自由民主制度的有效性和政治秩序效率的质疑"。见 Andreas Reckwitz, *The End of Illusions: Politics, Economy, and Culture in Late Modernity* (London: Polity Press, 2021), p.137。

2 我在这里借助了安德雷亚斯·莱克维茨的说法和分析。他认为这是自 20 世纪 80 年代以来仍然发生在艺术和文化界中的事的一个关键，即涉及一种基于社会秩序的"社会"概念的具体政治表达："进步自由主义的社会模式基于两个基本目标，即扩大个人的主体权利和实现社会的文化多样性。总体而言，主体权利的实现（也包括文化群体的权利）旨在建立一个既自由又多元的社会。"见 Reckwitz, *The End of Illusions: Politics, Economy, and Culture in Late Modernity*, 148-149。

已经转化成了一种'制度化不足'的生活方式,即人们总是生活在不确定性的阴影下,总是面临着因出人意料的不幸事件而受挫,被不可预测的外界干扰所阻碍的风险。"[1]

我们甚至可以说,数字生态通过算法、技术环境和大数据所带来的确定性承诺掩盖了某种失序。这种失序和针对它的文化主义批判,正是资本主义社会危机的集中表现。也可以说,在社会失序的(或熵的)时代,文化因素发挥了关键作用。就像施特雷克一针见血指出的:"本来承担着令社会生活正常化功能的制度越失效,文化因素对社会秩序就越重要。"[2]因此,数字生态中遍布于技术和艺术领域的类同趋势如同多年前一样,又表现出"重合"的特征。尽管这些文化主义批判激烈且尖锐,效力却是有限的,因为它们更多是在认识论层面的反抗。就像一些思想家在涉及去殖民问题时指出的,去殖民问题的关键是与之相关的话语表述:"(殖民性)并非通过枪炮和军队来书写,而是通过为使用枪炮和军队辩护的言辞来书写,并让你相信这样做对人类有益处、拯救人类并带来幸福。这就是现代性修辞学的任务。"[3]这种看法的结果,是将去殖民化的领域从政治经济学,转向了更抽象的去殖民化认识论问题。

如果我们转换视角,将这种文化主义批判与一种社会修复相结合,那么会看到另一番情景,即社会危机中的艺术的意涵不再是内在的——尽管它具有外在强加的特性,但却是某种主动与被动相结合的结果。

---

[1] 施特雷克:《资本主义将如何终结》,第39页。
[2] 同上。
[3] Walter D. Mignolo and Catherine E. Walsh, *On Decoloniality: Concepts, Analytics, Praxis* (Durham and London: Duke University Press, 2018), p.140.

导致这种状况的关键正是意义的环境化，即人们的意义诉求不再基于单纯的内在性，也不是完全外在的，意义的环境化现象既是这种状态的表现，也是其动机性要素。

借助社会危机视角的分析可以表明，文化主义批判表现了一种微观层面的社会整合。或者说，这类社会整合是社会失序后（或熵时代）的无奈之举，因其背景是宏观层面的系统整合的失效或无能，是"剥夺了微观层面上的个人的制度结构化能力和对他们的集体支持，把创造有序的社会生活、为社会提供适当限度的安全和稳定这些负担转移到了个人身上，让个人自己去创造出某种社会安排"[1]。因此，技术批判中的话语分析、思想谱系以及具体的方法论，不仅与当代西方艺术的主流性艺术更新和概念创新具有同源性，而且源自同样的社会背景，同样具有意识形态的效果。其在艺术场景中的最新表达——用艺术史学者卡罗尔·邓肯（Carol Duncan）的话说，是艺术将大量的艺术劳动组织起来，"将大部分的艺术劳动倒入下水道，以便让一小部分艺术劳动在少数地方展示，为少数人谋取利益"[2]。

尽管数字生态中的批判性研究和表达丰富了有关社会平等、正义和修复创伤的新维度，但也在一定程度上以文化话语的方式，掩饰了更基本的解决途径——尽管这种忽略本身就可能是别无选择的选择：是集体机制和制度的失效所致的。不管怎样，这些文化批判的具体视角、话语和概念不仅表现在了全球的主流当代艺术中，也不断地涌入中国，

1　施特雷克：《资本主义将如何终结》，第16页。
2　Carol Duncan, *The Aesthetics of Power: Essays in Critical Art History* (Cambridge: Cambridge University Press, 1993), p.180.

成为今日艺术所逃避不开却又亟待深思的议题。

5.3.2 "艺术 – 感性 – 美学"与主体的不满

数字生态中的技术批判和艺术批判的多元路径和跨学科方法，反映了一场漫长的资本主义危机。不过，这场危机不仅涉及政治经济层面，也涉及了"美学 – 感性"和艺术层面。法国哲学家斯蒂格勒（Bernard Stiegler）曾将这一危机置于长历史的背景下考察，甚至试图探索艺术和感性抵抗的可能性——尽管这一点既不明显，力度也稍显不足。但我们仍然可以借助其论述，来进一步思考前述批判与危机的深层意涵。

在斯蒂格勒看来，当前的社会危机渗透了更为普遍和日常化的感性层面，是一场蔓延了至少 3 个世纪的灾难，他称之为"超工业时代"的象征的贫困和感性的灾难。这种苦难来自"感性的机械转向"，横跨从机械工业到数字技术的漫长历史。可以说在走向数字生态的过程中，许多批判性的技术研究的出发点都与此类似，"这一转向将个体的感性生活永久地交给大众媒体来控制"[1]。按照斯蒂格勒的看法，这种转向表现了超工业时代的基本特点，及至目下，是计算为王并不断扩展其范围所致：计算超出了其原本所属的工业领域，全方位渗透社会。这种灾难导致了与政治经济相关的普遍化的和日常化的感性灾难，并具体地表现为个体的形象遭到扭曲。

斯蒂格勒具体描绘了这种状况如何波及日常生活。他以自己在法

---

[1] 贝尔纳·斯蒂格勒：《人类纪里的艺术：斯蒂格勒中国美院讲座》，陆兴华、许煜译，重庆大学出版社，2016，第 101 页。

国 2002 年总统大选的经历为例论述说，当他观察到众多年轻人为极右翼的参选人勒庞投票时，他认为自己感觉不到人："我发现这些男男女女，这些年轻人，他们丝毫感觉不到正在发生的事情，因此他们不再感到自己属于社会，他们被封闭在某个区域里面……"[1] 因为他们没有进入真正的社会生活，而是身处被控制社会所制造的审美灾区之中，而制造这一切的正是市场的霸权统治，它导致人们无法生活和互爱。

斯蒂格勒认为虽然那些男男女女在进行社会行动，但他们并不知道他们的行动会导致什么公共后果。而造成这种矛盾现象的原因，是他们处于一种虚假的或者不合格的、缺乏互爱的社会生活当中。这种无法生活和无法互爱是由市场的霸权统治和数字技术所致，它们联合制造出的一种群化效应，是斯蒂格勒所谓的"数字统一"造成的结果，即网络效应和社交网络创造出来的是一种自动化的群化效应或人为的人群，其特征是："不管构成这一人群的个体是谁，无论他们的生活形式、职业、性格或智力相像与否，他们被转化成了人群这一事实，使他们具有了一种集体的心灵，这一集体心灵使他们的感觉、思考和行动与他们单独一个人时的感觉、思考和行动完全不一样了。"[2] 在这个意义上，人们被统一起来，甚至于形成了一种社会整合，但这种整合带有致命性："这一整合会不可避免地导向一种总体的机器人化，不仅仅使公共权威、社会和教育系统，就连代际关系和心理结构也都要走向崩溃：要形成大规模市场，要让消费系统中隐藏的所有商

---

[1] 贝尔纳·斯蒂格勒：《象征的贫困 1：超工业时代》，张新木、庞茂森译，南京大学出版社，2021，第 6—7 页。
[2] 斯蒂格勒：《人类纪里的艺术》，第 115 页。

品都被吸收，工资也必须被分配得使人人都具有购买力，但正是这一经济系统，今天正在走向崩溃，在功能上变得入不敷出。"[1]

不过，斯蒂格勒仍然相信兼具"毒性"和"药性"的技术拥有某种潜在的解决功效，而艺术是其中的关键。他认为"改良"后的艺术似乎有可能抵抗这一危机和崩溃——抵抗走向"负熵"。他甚至提出"超控制的艺术"，让艺术再度成为一种技术，不再是单纯的视觉经验，而是一种综合力量："是与司法、哲学、科学、政治和经济上的发明不可分的。这样一种艺术事关某种'治疗术'……它需要与其他的所有知识形式，包括那些使理论知识得以可能的'技术-逻辑'构成的知识，一起去发明，从而塑造、设计并发明出一种积极的'药学'的技术。"[2] 他也指出，"共域"是其中的一个关键。

无论斯蒂格勒的方案是否成功，这一系列的研究都表明，一场漫长的社会危机遍布了政治经济和艺术审美领域。我们所看到的发生于其中的新近现象，通过主体这一核心要素表现出来：一种新的主体形式正成为社会和文化生产中的关键组成部分，它强调个体对自己负责，同时与其他人，也与其他非人系统和非人要素合作共生。这将现代以来基于阐释学的自我主体不断扩展，遍及更宽泛的要素、结构、网络和关系——不断地环境化。艺术无非是其中的一个具体表现，技术是另一个，它们一同构建了走向数字生态的过程。

数字生态也不是单纯的技术环境、技术生态或数字生态系统，而是涉及新的意义文化的演变和形成过程。这些新现象不仅是危机的结

---

[1] 斯蒂格勒：《人类纪里的艺术》，第119页。
[2] 同上。

果，也暗藏新的危机。这也提醒我们在范导性意义上，或许可以引入贝特森提倡的整体性和关系性思维模式来思考数字生态。如果回到本书开篇的两个历史切片，可以发现，这一系列问题已在不同层面影响了中国的艺术实践和技术发展，尽管其中也存在诸多差异，并会继续在不同的历史轨迹上展开。但可以确信，我们也在走向数字生态的途中，正是这种趋势，使得从一个宽泛的结构性视角审视过去的路成为必要也重要之事。

余　论

本书试图以主体为批判性话语，勾勒 20 世纪的艺术和技术领域中蔓延至今的一个现象：意义的环境化和主体的扩展，并阐明这如何具体地表现在基于现代主体的诸多规定和表达形式上，特别是与之相关的自决、自主、本真性等基本规范和价值底色。与此同时，还试图通过该现象表明，同样是在这两个领域，近年来出现了相似的趋势。如果我们笼统地称之为对"非现代性"[1]的迷恋——即前文论及的对"现代性"的主导规范或话语的不满（如思想上一般而言的现代哲学谱系、政治层面的治理模式——特别是 20 世纪的左右政治光谱、法律和民族国家、经济全球化、艺术层面的观看方式和意义结构，以及主体的能动性等），那么"走向数字生态"则可以被视为关于"非"的某种表达。

不过，对"非"现代性的迷恋既是因为反思了现代性本身的"遮蔽"——包括其不公且偏颇的"客观性、中立性和普遍性"等概念，也源自笼罩在现代性范畴下的笼统而言的"危机"。由主体这一综合性载体所呈现出来的"揭示"——作为一种过程，本身即是"不满"与"危机"的表达。在此意义上，对现代主体的不满与社会危机是一体两面的关系。而"主体"提供的一种长历史视角，能让我们将有关社会危机之形成和蔓延过程的解释拓宽至政治、经济和技术现实等以外的"意义"领域，"意义"不仅具有补充作用，还有认识论和存在

---

[1] 这里的"非现代性"是笔者为方便本部分的论述而临时生造和使用的，并非一个正式术语，与之具有家族相似的正式术语包括"第二现代性""晚（期）现代"或"一般生态学"等。

论内涵，对于"走向数字生态"是不可或缺的。前述分析表明了"意义的环境化"趋势下的"艺术的环境化"和"主体的扩展"，然而这一系列论述并非对艺术和技术领域的决定性研究或本体论解释，更多是一种"认识论提示"。

在第五章的讨论中，近年来基于政治或经济转型的危机叙事可以给出一些既成的、可以想象的乃至貌似有效的解决方案，以应对相关危机。然而就像以主体为批判性话语的论述表明的，这些危机（或变迁）还与长历史范围内的现代主体及其意义诉求有关，那么思考跟危机相关的艺术和技术变迁，除了关注政治经济维度，还应当考虑与意义相关的认识论乃至存在论维度。最终，本书只能通过以危机视角阐释的艺术与技术中的主体和意义问题，来提供一种认识论提示，进而指向一种心灵的生态。

为此，余论部分将汇总前述危机叙事，表明对"走向数字生态"的历史过程作描述和阐释的两个关键步骤：社会危机作为一个视角，从现象或事实层面，触及并解释了艺术和技术领域的变迁与社会其他领域处于一种结构性关联中；但危机视角并非对艺术和技术（及相关主体）之变迁的本体论解释，而是一种认识论层面的提示，这一提示会因走向数字生态途中所涉及的心灵生态而突显其必要性。

如前所述，走向数字生态途中的艺术和技术变迁，与相应社会的结构性转型有关，而后者涉及具体而现实的社会危机。尽管第五章曾借助艺术、社会学、经济学和哲学等方面的研究论述了二者的关系——它们指向的"危机"在政治经济范式转换的背景下突显了一个相对完整的历史面貌，并与导论中提出的低层的价值诉求有对应关系——然而，无论是施特雷克对于资本主义危机的论断、斯蒂格勒在感性或审美和艺术层面拓展此类危机的灾难后果、毕肖普和其他艺术批评家指出的当代的艺术与社会更直接的衔接关系，或者面对这些困境而秉持开放态度的其他研究者，他们所述之事实，都处于20世纪以来的政治经济范式转型的历史阶段中。对此，德国社会学家安德雷亚斯·莱克维茨给出了一个系统性的阐述，我们可以借来稍作整理和补充。莱克维茨认为，20世纪蔓延至今的政治经济状况表现出大的政治范式的转型，但每一次的政治经济转型都与危机相关。他总结了三个关键范式：社会－法团范式（the social-corporatist paradigm），开放自由主义（Apertistic Liberalism）（包括新自由主义和进步自由主义），以及应对当下阶段的调控式自由主义。

　　按照莱克维茨的分析，"社会－法团"范式的结构性背景包括一个充分发展的工业社会，以及一个作为控制当局的正常运作的民族国家，其他先决条件则包括对整个社会带来变革性影响的城市化、社会中相对较高的同质性文化等。在此阶段，社会的基础话语和规范强调社会与个人之间的交织关系，也是本书导论提出的低层价值的基本规范。它们推动了相应的社会变迁，就像莱克维茨指出的："'社会－法团'范式不仅仅是对经济危机的一种回应，它还启动了一项以坚实的社会概念为基础的全面性社会配置计划。根据这种理解，个人与社会之间是一种互惠关系。他或她从社会那里得到支持和保护，但同时也要为社会做一些事情作为回报。"[1] 这个范式涉及的历史阶段一直延续至20世纪70年代，因出现危机而式微。转折点是1973年的石油危机，导致危机的原因则是过度监管，而危机的具体表现，正是经济危机与文化危机的交织。其出现的根本原因则是社会的结构性转型，包括经济层面的去工业化和后工业化，文化层面的文化自由化运动等。

1　Reckwitz, *The End of Illusions*, p.138.

聚焦到本书关注的话题上,"文化危机"在艺术中的表现,即发生在20世纪六七十年代的变革。回想当时,无论是极简主义、跨媒介艺术,还是以场域为基础的其他艺术实践,均表现出通过艺术的意义和艺术家的扩展(即艺术的环境化)而突破传统的艺术规定或意义结构。一如前文提出的此类艺术变革所对应的价值诉求,社会学家也提出,彼时危机的出现暗含了有关"社会"和"规范"之理解的改变:"个人主义和世俗主义文化,并逐渐取代了'平等社会'所特有的互惠性社会义务文化。传统的责任和认可的价值观被个人自我实现的价值观所取代……"[1]不过,为了应对这场危机,也出现了新的范式,莱克维茨称之为"开放自由主义",包括新自由主义和进步自由主义两个"分支"[2]。

这个新范式的一些具体表现涉及新的"社会运动",包括女性运动、环保运动和公民倡议等。它们与前文论及的艺术的形式变迁和议题关切等形成了呼应关系,并自下而上地阐述新的、以前被忽视的政治主题,从而要求更多的政治参与,或者是艺术名义之下的"审美赋权"[3]。同样,它们既是艺术之意义环境化变迁的社会背景,也是其内在动力,

---

[1] Reckwitz, *The End of Illusions*, p.143.

[2] 莱克维茨指出这两个范式之间也不是简单的取代关系:"自20世纪80年代以来,社会-公司主义范式并没有简单地被新自由主义所取代,而是在中期内被一种新形式的自由主义的两面综合所取代,其中一面可被归类为右翼,另一面可被归类为左翼。"见Reckwitz, *The End of Illusions*, p.145;关于这种政治图谱对于此时艺术的影响,全美媛已经通过各类文本证明它们暗含在了当时对于各类特定场域艺术与公众之关系的争议中,毕肖普在讨论装置艺术时也或多或少融入了相关谱系,本书第一章则以主体为关键概念来勾勒这些脉络。

[3] 体现这些议题和争议的较早文献可见:Grant Kester, "Aesthetic Evangelists: Conversion and Empowerment in Contemporary Community Art," *Afterimage* 22, no.6 (January 1995): 5-11;Nina Felshin (ed.), *But Is It Art? The Spirit of Art as Activism* (Seattle: Bay Press, 1995)。

更是其直接的表现。

不过,原来的艺术意义和艺术结构并非环境化变迁的直接原因,而是后续价值观转变自身的动力,从而使得艺术的意义面临新的结构,这些结构的有效性正是以艺术的环境化为代价的。换言之,原本已经存在的艺术的环境化趋势并非导致后续变革的直接原因,它们被社会变革推动,进入了第五章提出的极化或加速变革阶段。

新范式的两个"分支"回应了在"社会-法团"范式阶段由公立机构确立和负责的事务,推动了新的"秩序"和有关"社会"的理解。就像众所周知的,新自由主义的理解强调开放市场,减少政府对经济和社会的监管;进步自由主义则突显身份和差异,赋予个人和文化群体权力。相应地——正如本书第一章中的相关学者在讨论装置与公共艺术中的主体问题时,直接采取了不同的社会理解模式,而对于"社会"的理解和议题则或直接或间接地影响到艺术实践。

在技术领域同样如此。就像本书第二章和第四章提及的,在计算机和网络技术的发展过程中,相关者以技术自由主义或网络自由主义（cyber-libertarianism）[1]的形式表达了自由主义理想,包括颂扬"信息要自由"[2],相信"互联网乃是科技成就的巅峰,并能颠覆等级制度、振兴民主、减少种族和民族冲突,实现地球的互联和团结"。[3] 尽管早在1996年,诸如保利娜·博尔索克（Paulina Borsook）等人就尖锐地

---

[1] Langdon Winner, "Cyberlibertarian myths and the prospects for community," *ACM SIGCAS Computers and Society* 27, no.3 (1997): 14-19; 一个历史回溯见 Jonathan Pace, "Cyberlibertariansim, in the Mid-1990s," *AoIR Selected Papers of Internet Research* (2020)。

[2] Reid Goldsborough, "Internet Philosophies," *Independent Banker* 50, no.12 (Dec.2000): 90-91.

[3] John Barlow, "A Declaration of the Independence of Cyberspace," *The Humanist* 56, no.3 (1996): 18.

批评自由主义、资本主义和高科技之间的联结:"技术自由主义者理所当然地担心又大又坏的政府,却认为不受约束的商业可以创造一切光明和美好的事物,因此,他们无视真正的隐私侵犯者——美国公司寻求更好的方式利用网络,出售消费者购买和偏好数据库,尽其所能追踪潜在客户。"[1]它们在过去 20 年形成了影响至今的商业、组织乃至政治新模式。

新范式在艺术和技术领域的蔓延,形成了二者在近二三十年之变迁的基底,借用莱克维茨的归纳:

> 新自由主义激进化了经济和市场自由主义的旧传统,进步自由主义同样激进化了一个旧观念——自由主义原则,亦即每个人都拥有必须得到其他个人和国家承认的主体权利……进步自由主义的社会模式基于两个基本目标,即扩大个人的主体权利和实现社会的文化多样性。总体而言,主体权利的实现(也包括文化群体的权利)旨在建立一个既自由又多元的社会。[2]

也正是这种"主体权利"的扩大,使得开放自由主义必须面对更多的庶民行动者。当出现新危机时,个体独立的庶民行动者,必须以自己的方法应对不确定的状况。这在社会事务中源自因放松监管、政府控制机制的瓦解而将金融市场推向崩溃的边缘,导致政府债务激增。新自由主义政治则导致对一般公共服务和基本的社会基础设施(从交通、教育到医疗和住房)的忽视。就像第五章中引用的毕肖普所述,

---

[1] Paulina Borsook, "Cyberselfish," *Mother Jones* 21, no.4 (1996): 56.
[2] Reckwitz, *The End of Illusions*, pp.147-148.

自2008年以来，持有"关怀"伦理取向的艺术实践逐渐成为新的艺术主导话语；也如第四章提出的，在走向数字生态的过程中，以"数字共域"为代表的对传统理性经济学人假设这类现代主体之规定及其社会设置的不满。这种社会理解和基本的低层价值表明，社会在政治经济层面的危机所涉及的文化危机，与"彻底自由化"社会中的互惠关系的解体有关[1]。

最终，西方社会进入了以民粹主义来应对危机的阶段。占主导地位的开放自由主义范式，如今正陷入社会经济、社会文化和民主功能危机："新自由主义的社会经济危机应通过在国家层面调节经济来应对；进步自由主义的社会文化危机应通过加强国家认同、反对世界主义和移民来应对；而'后民主'的民主功能危机则应通过促进一种非自由的民主形式来应对，这种民主形式应使政治与人民的意愿相匹配。"[2]

尽管莱克维茨提出了自己的方案，但这并非本书关注的重点。本书在最后部分引入他的论述是想表明，借助危机视角，我们可以将艺术与技术中的新近表现解释为与下述议题相关：一是社会文化合法性危机的具体表现；二是在过去半个多世纪的政治经济模式层面的危机的文化表达——诸种自由主义的变形；三是其既有主动变革的动力，也因社会的结构性转型而激化。换言之，艺术和技术领域的变迁，与社会其他领域处于一种结构性关联关系中，这是我们在相关的话语框架下论述或思考导论中涉及的历史切片时需要慎思的维度。

不过，也正是这些研究和反思，进一步突显了在认识论层面的心

---

1 Reckwitz, *The End of Illusions*, p.152.
2 同上书，第156页。

灵生态的重要性和必要性。以政治经济范式之转型来理解危机中的艺术和主体，无法把握一个长历史的脉络，而长历史要求将艺术和技术的变革，置于主体与意义变革的大背景下。尽管政治经济范式转型的视角可以给出一些既成的且貌似有效方案，但要应对这场危机，除了考虑政治经济层面的议题，还需要意识到认识论乃至存在论维度的重要性。这表现在两个具体方面：

在狭义上，通过艺术和技术的环境化，本书将主体的变迁置于社会危机视角下的阐释，是试图提供一种认识论的提示，并认为这对于反思中国"走向数字生态"的过程具有必要性。就像导论所述，低层的价值诉求作为内在动力，推动了艺术与技术领域的环境化变迁，并以合法性和批判性"话语"的方式，成为论述、反思乃至合法化中国近几十年艺术更新的关键。它们也在此过程中助力中国艺术突破历史"负债"，使其在艺术语言、媒介形式、观念方法、市场和体制建设等方面实现了重要的更新，并为之提供在解释上有效的概念"脚手架"或话语框架。

然而根据前文，特别是以系统性思维和后结构方法梳理过去几十年发生在西方艺术中的相关现象后，可以发现，如果对于这些危机的叙述可以通过——如莱克维茨提供的——政治范式转换来阐释，那么在艺术转型过程中出现的新的话语形式便与之具有对应关系。但"政治-经济"范式转型并无法完全把握与当前问题相关的长历史脉络，因为尽管政治范式不仅仅是在认知上解决问题的议程，还是一整套规范——包括一系列的价值抉择、价值对立和有关理想价值的愿景，因而拥有巨大的情感认同能力，但价值的渗透及其情感认同效应也是艺术或审美的关键。而如果艺术或审美想象的可能性大于政治经济范式，那么重新回溯这一历史轨迹的自反性结构、要素和关系就显得必要但不充分。为此，前文提供的视角作为一种必要条件，或许有助于理解更广泛，但也更具多样性的"走向数字生态"。

这既非主张，也不是否认话语或理论研究的普遍性效果，更不想介入普遍与特殊或语境主义之间的争议。但当诸如技术现实（以及与之相关的工业化、城市化和气候变化）的全球效应——一种普遍效果——已经成为建构主义的实在时，旧有的"普遍"与"特殊"之争已多少失去效力。更关键在于，莱克维茨讨论完这些范式转型后提出，新的范式必须面对的问题之一是如何建构新的普遍性社会体系，特别是新的普遍性必须基于已有的社会差异和文化多样性，以及本书关注的与主体相关的意义问题。鉴于意义的环境化需要被置于一种结构性的关系网中加以理解——既关注宏观维度，也考虑微观层面，而这些结构必然涉及社会现实、技术现实、文化变迁和相应的价值理想，那么自然对理解和阐释中国艺术中的变迁提出了认识论上的要求。

在广义上，通过"走向数字生态，或社会危机中的艺术与主体"勾勒的艺术和技术现实层面的结构性变迁——就像前文指出的——在艺术领域，艺术的形式、创作过程和方法、展示和观看或参与框架、评述和传播方式等均发生了激进的变革；而技术领域——如导论所述——也从各个层面和维度构筑着今日生活的"毛细血管"，甚至在话语层面表现为一种自然主义的"数字系统生态"。然而，更为关键的是，现代主体及其面临的危机不仅正在导向一种新的存在状况，而且亟须——也是正在涌现的——对于这种状况的新的认识、想象和感受的论述。也可以说，尽管存在的状况确实发生了某些转变，包括新的全球性危机，更重要的似乎在于，对于新的论述的要求、渴望和想象并非简单地面对当前现实而表现出来的新诉求。毋宁说，新的诉求是对有关存在状况之旧有模式的反思、突破和改造，是对旧有话语框架、理想价值愿景和未来的再度想象。

源自"危机"状况的艺术和技术更新有着漫长的历史传统和沉重的负债,这些"危机"在继续扩散,并扩大化和严峻化。在认识论层面,中国"走向数字生态"的艺术仍然在很大程度上"受制于"诸如主体权利的话语的规训,其他地区同样面临这种状况。但在更宽泛的存在论维度,当以"生态"和"环境化"作为"危机"的或然表述时——就像第四章提出的,技术环境已成为新的存在论述的关键——主体的不满(或者对主体的不满)及其艺术表达,已经成为当前有关存在状况的另一个关键现象。但它们既是反思(乃至自反性)的,也是面向未来和可以期许的。有关存在的新的论述模式既是对现代主体及现代社会之旧有概念框架的不满,也在努力想象新的图景,即必须假设新的(或者说必须重新想象)一种新的愿景,为今天提供某些理念和原则——因而是范导性的。

如今,包括个体主体与其他个体主体的关系、个体主体与非人存在者的关系、诸关系与行星命运的想象,以及由这些不同层次的关系产生的更大整体,正在从不同的视角、资源和语境重提互惠、关系和责任对于危机的修复性价值和急迫性,希望由此而审慎地"走向数字生态"。唯其如此,未来才会是本书题目中"或"的前者,即走向生态,而非深陷危机。

这或许也是未来艺术之命运!

后　记

本书基于我的博士后出站报告修订而成。这些问题始于博士的后期阶段,并贯穿了近几年的研究和工作,背后还包括我已经思考了一些年的更大叙事,如今以书中的方式初步呈现,自然有诸多不成熟之处,还请读者见谅。

本书的出版首先要感谢中国美术学院的支持。我在中国美术学院视觉中国协同创新中心从事博士后研究期间,孙周兴、陈嘉映和李凯生三位合作导师给了我许多帮助,特别是孙老师,有了他的关照,本书才能尽快出版。中国美术学院提供的自由而宽裕的研究环境,让我有机会尝试将这些话题聚集起来。因为有中国美术学院雕塑与公共艺术学院的支持,我才能在近些年以更多样的形式延续自己的关切并开辟新的研究方向。还要特别感谢出版本书的浙江人民美术出版社,信任我的管慧勇社长,以及责编华清清。这一切,都是像我这样"斗胆"的年轻学者所感怀在心的荣幸。

还有许多在此过程中关心和帮助过我的人,请原谅我只能一并向你们致谢。